21 世纪中等职业教育特色精品课程规划教材

网络建设与管理

主　编　李杰阳

副主编　王琳忠　吴　燕

参　编　曾　娜　韦鸿举　林胜福
　　　　覃卫芳　余家庆

主　审　杨巨恩

北京理工大学出版社

BEIJING INSTITUTE OF TECHNOLOGY PRESS

内 容 简 介

　　本书是根据企业典型工作任务进行编写的一体化工作页，选取办公网络建设与管理和企业网络建设与管理2个项目作为本课程的学习任务，按照制订计划、工作准备、作出决策、组织实施、评价反馈等步骤进行编写。

　　本书是一本指导网络建设与管理的参考书，适合一般中职学校的计算机相关专业使用，也可以作为计算机爱好者的学习参考书，同时适合具有一定计算机基础的人员自学使用。

图书在版编目（CIP）数据

网络建设与管理／李杰阳主编. —北京：北京理工大学出版社，2013.7
ISBN 978 – 7 – 5640 – 7864 – 5

Ⅰ.①网…　Ⅱ.①李…　Ⅲ.①计算机网络管理　Ⅳ.①TP393.07

中国版本图书馆 CIP 数据核字（2013）第 145187 号

出版发行／北京理工大学出版社有限责任公司
社　　址／北京市海淀区中关村南大街5号
邮　　编／100081
电　　话／（010）68914775（总编室）
　　　　　82562903（教材售后服务热线）
　　　　　68948351（其他图书服务热线）
网　　址／http：//www. bitpress. com. cn
经　　销／全国各地新华书店
印　　刷／北京兆成印刷有限责任公司
开　　本／710 毫米×1000 毫米　1/16
印　　张／12. 25
字　　数／232 千字　　　　　　　　　　　　　责任编辑／张慧峰
版　　次／2013 年 7 月第 1 版　2013 年 7 月第 1 次印刷　　责任校对／周瑞红
定　　价／26. 00 元　　　　　　　　　　　　　责任印制／边心超

前言 Preface

随着我国职业教育的发展，各学校紧紧抓住"国家中等职业教育改革发展示范学校"建设的契机，在"校企合作、工学结合"理念的指导下，经过近两年的理性探索与大胆尝试，对人才培养目标和人才培养模式进行了改革。

"网络建设与管理"是国家中等职业教育改革发展示范建设学校广西石化高级技工学校计算机专业课改小组成员深入企业调研后，由行业的典型工作任务转化而来的一门学习领域课程，采用德国、日本等职教先进国家的课程开发技术——以工作过程为导向的"典型工作任务分析法"和"实践专家访谈会"，通过整体化的职业资格研究，按照"从初学者到专家"的职业成长的逻辑规律，重新构建了学习领域模式的专业核心课程。

本书打破传统的基于知识点结构的课程体系，力求建立基于真实工作过程的全新教学理念，坚持以工作过程为导向，以能力为目标，以学生为主体，以素质为基础，以实际工作岗位的项目任务或社会产品为载体，在真实工作环境拟设工作任务。本书引入了办公网络建设与管理和企业网络建设与管理2个从简单到复杂的网络组建项目作为本课程的学习任务，通过模拟真实的工作场景，学生在工作页的引导下，通过查阅相关资料与信息，自主分阶段有计划地完成工作任务，严格按照按照工作准备、制订计划、作出决策、组织实施、检查验收及评价反馈六个步骤组织开展教学活动。在完成任务的过程中完成理论知识和职业综合能力的构建，使学生在完成工作任务的实践过程中获取专业技术能力、方法能力、社会能力等综合职业能力。

在培养学生岗位工作基本技能的基础上，培养学生能从任务目标设定、学习方法、团队合作和沟通表达等各方面，得到实际工作岗位所需要的学习能力、工作能力和创新思维能力。既培养学生具备相应的专业知识和技能，又注重培养学生学会做事的能力，使素质教育和专业教育紧密地结合，形成一个可操作、可训练、可检验、有成果的实施体系。

本书是国家中等职业教育改革发展示范学校建设过程中编写的一体化课程，由李杰阳老师主编，王琳忠主任对全文进行了审核。衷心感谢在此书编写和出版过程中给予我们支持与帮助的相关老师和企业人员。

本书适合中等职业学校计算机网络技术专业实施一体化教学使用，也可作为网络工程技术人员和网络管理人员的参考书。由于编者水平有限，书中不妥之处在所难免，恳请广大读者批评指正。

编　者
2013 年 5 月

目录 Contents

一、任务描述

某公司由于规模扩大，需要把原来的网络进行重新规划改造。该公司位于写字楼的 3 层，共 5 个房间，内部计算机需要全部联网，并实现上网共享、打印共享、部分数据共享（公告文件，公共数据，公共软件等）、部分数据安全控制（财务数据，项目计划，新项目发展计划等）。内网计算机能够自动获取 IP 地址，能够提供 FTP 服务，利用域控制器对网络进行管理。整个公司提供无线网络接入。

二、学习目标

通过学习，你应当能够：

1. 以规范的语言和行为接受上级安排的任务；
2. 按客户要求写出设计方案；
3. 按方案进行网络设备的连接与配置；
4. 对服务器进行配置，能提供网络服务和对网络进行有效管理；
5. 判断和排除网络中存在的故障。

三、建议课时

50 课时

四、学习地点

网络组建与管理学习工作站

五、工作过程与学习活动

1. 撰写规划方案；

2. 物理网络的连接与配置；

3. 服务器建设；

4. 系统安全设置；

5. 任务评价。

学习活动 1　撰写规划方案

学习目标

通过学习，你应能做到：

1. 正确理解用户需求；

2. 画出拓扑结构图；

3. 正确划分 VLAN 及规划 IP 地址；

4. 正确进行设备选型并做出设备统计表；

5. 制作一个完整的办公室网络设计方案。

建议学时

10 课时

学习准备

1. 一体化工作站、计算机。

2. 办公室网络设计方案、参考书、视频光盘、互联网等相关学材。

3. 分成学习小组。

本小组人员安排如表 1.1。

表 1.1　小组成员安排表

序号	工作内容	负责人
1		
2		
3		
4		
5		

4. 楼层平面图（图1.1）。

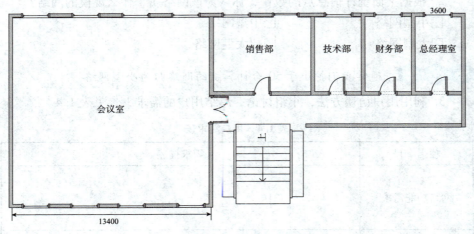

图 1.1　办公楼平面图

5. 办公室用户分布情况，参见表1.2。

表 1.2　公司用户分布表

序号	部门	房间号	用户数
1	总经理室	501	1
2	财务部	502	3
3	技术部	503	10
4	销售部	504	20
5	会议室	505	3

学习过程

 引导问题

1. 仔细阅读任务，并填写表1.3。

表 1.3　用户网络信息点统计表

序号	部门	房间号	信息点数量
1	总经理室	501	
2	财务部	502	
3	技术部	503	
4	销售部	504	
5	会议室	505	
合计			

小贴士：一般一台计算机一个网口算作一个信息点。

2. 根据上面统计信息点的数量，你认为该网络属于什么规模的网络？

□小型网络　　　　　　　　□中型网络

□大型网络　　　　　　　　□超大型网络

小贴士：通常我们把小于 50 台计算机的网络归为小型网络。

3. 利用用户访谈方法，小组讨论，总结用户的需求，参见表 1.4。

表 1.4　用户需求表

项　　目	需求描述
网络功能需求	
网络应用需求	
网络安全需求	

小贴士：获得需求信息的方法：用户访谈、问卷调查、向同行咨询。

归纳整理需求信息：将需求信息用规范的语言表述出来、对需求信息列表表示。

4. 设计一个简单表格（表 1.5），利用问卷调查方法，总结用户的需求。

表 1.5　用户需求表

项　　目	需求描述
网络功能需求	
网络应用需求	
网络安全需求	

5. 请上网查询，写出各种互联网接入方式的特点（表1.6）。

表1.6　互联网接入方式特点表

接入方式	传输介质	最大传输速率	费用	采用何种接入设备
ADSL				
DDN 专线				
cable modem 接入				
无线接入				
PSTN 公共电话网				
ISDN				

6. 写出市场上四种常见的能用电话线拨号上网的 ADSL MODEM 品牌型号，并进行比较（表1.7）。

表1.7　ADSL MODEM 品牌型号比较表

品牌型号	参数	价格	备注

7. 写出市场上四种常见的能用双绞线进行拨号上网，并具备路由功能的 ADSL MODEM 品牌型号，并进行比较（表1.8）。

表1.8　ADSL MODEM 品牌型号比较表

品牌型号	参数	价格	备注

8. 查找资料，比较使用不同处理器，服务器间的性能差异（表 1.9、表 1.10）。

表 1.9　Intel 服务器处理器产品及技术表

处理器型号	产品型号与技术特点

表 1.10　AMD 服务器处理器产品及技术表

处理器型号	产品型号与技术特点

9. 分析三种主流服务器总线技术的各自优缺点（表 1.11）。

表 1.11　主流服务器总线技术优缺点比较表

总线技术	型号	体系结构	数据宽度	工作频率	传输速率	优越性	存在不足
PCI - E							
PCI - X							
InfiniBand							

10. 分析主流存储技术的优缺点（表 1.12）。

表 1.12　主流存储技术优缺点比较表

存储技术	技术特点
IDE	
SISC	
SATA	

11. 磁盘阵列模式的特点（表1.13）。

表1.13 磁盘阵列模式特点表

陈列模式	技术特点
RAID 0	
RAID 1	
RAID 3	
RAID 4	
RAID 5	
RAID 10	

计划及实施

1. 小组讨论，总结出该任务中用户的需求。

2. 小组讨论，满足用户的网络功能需求要用到哪些设备及技术？

3. 在用户的应用需求中，需要配置哪些服务器？

4. 小组讨论，满足用户的网络安全需求要用到哪些设备及技术？

5. 本次任务中，你觉得服务器使用何种操作系统比较合适？请简述你的理由。

6. 小组讨论，写出该任务中采用何种互联网接入方式，并说明理由。

7. 小组讨论，共同画出拓扑结构图。

8. IP 地址规划表。

9. 进行网络设备选型并写出设备统计表。

10. 通过分析比较，结合客户需求，确定服务器的品牌型号为_____。并填写服务器性能表（表1.14）。

表 1.14　服务器性能表

名称	规格型号	性能参数
CPU		
内存		
硬盘		
网卡		

11. 模仿案例，小组共同制作一个完整的办公室网络设计方案。

评价与反馈

1. 各组派代表展示自己组的设计方案。请记录下其他组对你们组方案的意见与建议。

2. 请写出完成该任务后你掌握了哪些技能。

3. 请写出你的心得体会及经验教训。

4. 教师汇总各组学生交上来的规划方案，筛选出一两份最优或最具代表性的设计方案，提出改进意见，并进行整体性的归纳点评。

5. 学习活动考核评价表（表 1.15）

学习活动名称：＿＿＿＿＿＿＿＿＿＿＿＿＿

表 1.15 学习活动考核评价表

班级：	学号：	姓名：	指导教师：					
评价项目	评价标准	评价依据（信息、佐证）	评价方式			权重	得分小计	总分
			自我评价	小组评价	教师（企业）评价			
			10%	20%	70%			
关键能力	1. 穿戴整齐； 2. 参与小组讨论； 3. 积极主动、勤学好问； 4. 表达清晰、准确	1. 课堂表现； 2. 工作页填写				50%		
专业能力	1. 能用专业的语言和客户交流； 2. 工作页的完成情况	1. 课堂表现； 2. 工作页填写				50%		
指导教师综合评价								

指导教师签名：　　　　　　　　　　　　　　　　　　　　　　日期：

学习活动 2 物理网络的连接与配置

学习目标

通过学习，你应能做到：

1. 根据设计方案领取设备并对设备进行核查；
2. 正确连接设备；
3. 对设备进行正确配置；
4. 利用命令测试网络的连通性及排除简单故障。

建议学时

10 课时

学习准备

1. 一体化工作站、计算机。
2. 办公室网络设计方案、参考书、视频光盘、互联网等相关学材。
3. 要领取的工具与材料填入表 2.1。

表 2.1 工具设备借用表

项目名称：					
序号	名称	品牌型号	数量	单位	备注
1					
2					
3					
4					
⋮					
借用人签字：	20 年 月 日		归还情况	20 年 月 日	
仓管员签字：	20 年 月 日				

4. 分成学习小组。

本小组人员安排如表 2.2。

表2.2　小组人员安排表

序号	工作内容	负责人
1		
2		
3		
4		
5		

5. 设备领取表（表2.3）。

表2.3　设备领取表

序号	名称	品牌/型号	数量	单位	备注
1					
2					
3					
4					
⋮					
审核意见：					

6. 设备检查表（表2.4）。

表2.4　设备检查表

序号	设备名称	检查项目	检查结果	备注
1				
2				
3				
4				
⋮				

学习过程

引导问题

1. 采用电话线拨号上网需要用到 ADSL MODEM 的哪个接口？

2. 如需要在同一根电话线上实现同时上网和打电话，需要用到哪个设备？

3. 图 2.1 是一个语音分离器，请写出各个端口连接何种设备。

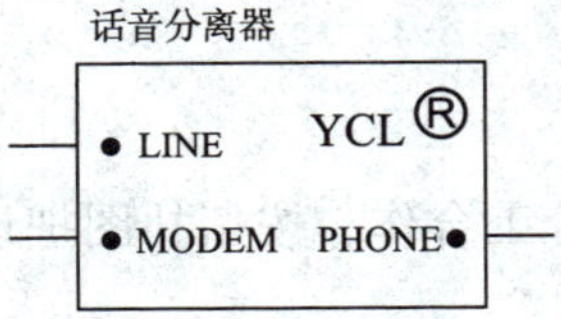

话音分离器

● LINE	YCL®
● MODEM	PHONE ●

LINE 连接＿＿＿＿＿＿＿＿＿＿＿＿＿

MODEM 连接＿＿＿＿＿＿＿＿＿＿＿＿

PHONE 连接＿＿＿＿＿＿＿＿＿＿＿＿

图 2.1　语音分离器

4. 请尝试画出完整的单台计算机采用电话线拨号上网的连接示意图。

5. 采用双绞线拨号上网时 ADSL MODEM 需要具备＿＿＿＿＿＿口。

6. 请写出图 2.2 中各部分的名称和用途。

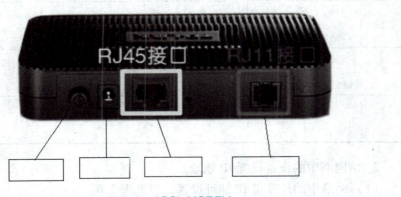

图 2.2　ADSL MODEM

7. 请写出图 2.3 中各部分的名称。

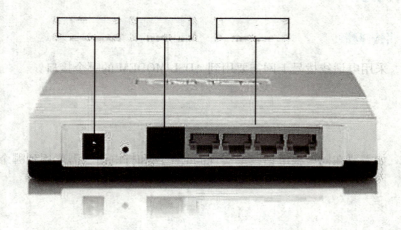

图 2.3　ADSL MODEM

计划及实施

1. 制作连接线缆，并利用测试仪进行测试；分工合作，按拓扑图把设备连接好（表 2.5）。

表 2.5　线缆使用表

序号	交叉线或直通线	用　途	数量
1			
2			
3			
4			
5			

2. 给网络中的设备设置 IP 地址。

（1）网络中的计算机 IP 地址设置，参见表 2.6。

表 2.6　计算机 IP 地址设置表

设备名称	接口	IP 地址	子网掩码	网关	DNS

1）用右键单击"网上邻居"，选择"属性"选项，在弹出的窗口中双击打开"本地连接"图标，在新窗口中单击"属性"按钮，选中＿＿＿＿＿＿＿＿＿＿＿＿＿＿＿＿＿选项，单击"属性"按钮（图2.4）。

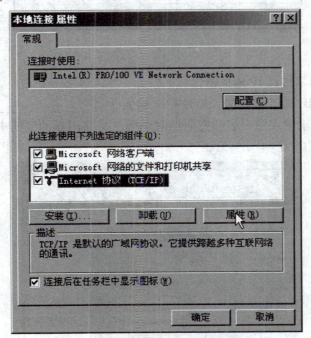

图2.4　本地连接属性

2）在弹出的窗口中，选择"使用下面的 IP 地址"，在"IP 地址"后面的文本框输入＿＿＿＿＿＿＿＿＿＿＿＿＿＿＿＿＿＿＿＿＿＿；"子网掩码"后面输入

_____ ；"默认网关"后面则输入：_____。
填完以后单击"确定"按钮（图2.5）。

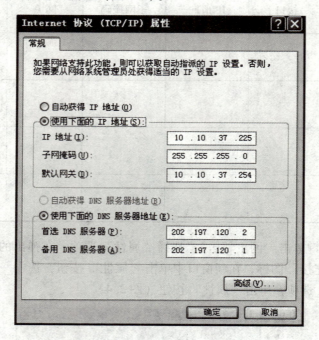

图2.5　Internet 协议（TCP/IP）属性

（2）路由器接口 IP 地址设置。

1）打开 IE 浏览器，在"地址栏"输入 _____ 并回车后，
会弹出一个要求输入用户名和密码的对话框。按路由器的说明书输入用户名
和密码（图2.6）。

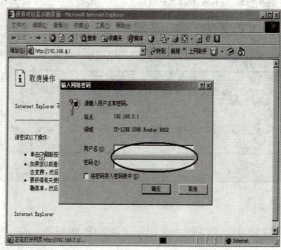

图2.6　路由器 IP 地址设置对话框

小 贴 士：

注意：不同品牌的路由器，其设置方法也有所不同，在配置路由器前一定要详细阅读路由器的说明书，严格按照说明书中介绍的方法进行设置。在本例中，TL－R410路由器的出厂默认设置信息为："IP地址：192.168.1.X；子网掩码：255.255.255.0；用户名和密码：admin、admin。"

2）单击"确定"按钮后，进入路由器的主管理界面。在路由器的主管理界面左侧的菜单列，是一系列的管理选项，通过这些选项就可以对路由器的运行情况进行管理控制了（图2.7）。

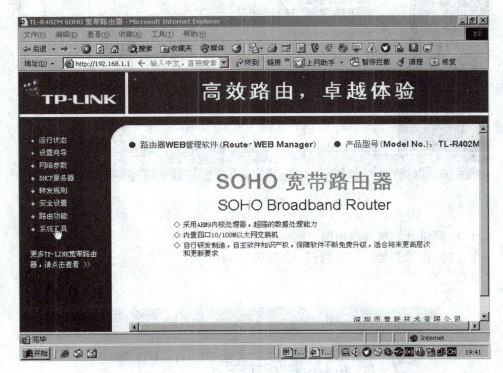

图2.7　路由器主管理界面

3）进入路由器管理界面。

第一次进入路由器管理界面（也可以在路由器主管理界面单击左边菜单中的"设置向导"选项），会弹出一个"设置向导"界面，单击"下一步"按钮（图2.8）。

4）路由器接口IP地址设置，LAN口设置：＿＿＿＿＿＿＿＿＿＿。

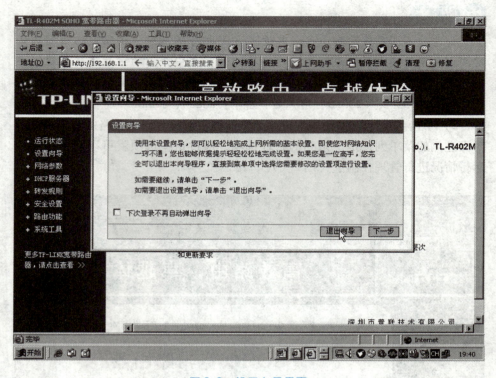

图2.8 设置向导界面

3. 测试计算机和路由器之间的连接。

（1）在"开始""运行"中输入 ping _____（图2.9）。

图2.9 运行界面

（2）如果单击"确定"后出现图2.10所示的数据则表示计算机和路由器连接成功了。

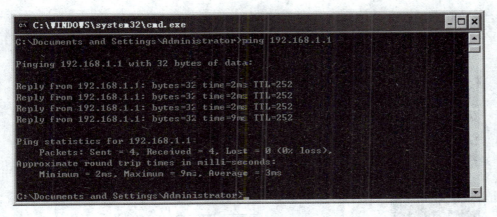

图 2.10 连接成功界面

4. 虚拟拨号（PPPoE）设置

（1）如果用户是电信 ADSL、联通等需要拨号上网的宽带用户，请选择第一项"ADSL 虚拟拨号（PPPoE）"然后鼠标左单击"下一步"按钮，进入如图 2.11 的页面。

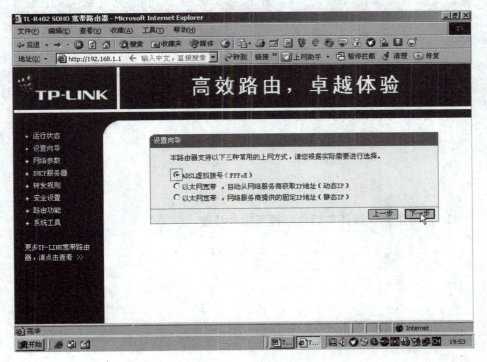

图 2.11 虚拟拨号设置界面（一）

（2）输入用户的上网帐号及上网口令（图 2.12）。

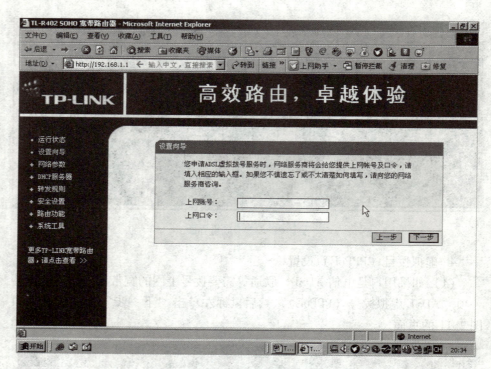

图 2.12　虚拟拨号设置界面（二）

评价与反馈

1. 各组派代表演示配置过程。

2. 请写出完成该任务后你掌握了哪些技能。

3. 请写出你心得体会及经验教训。

4. 学习活动考核评价表（表2.7）

学习活动名称：_____

表2.7　学习活动考核评价表

班级：	学号：		姓名：	指导教师：					
评价项目	评价标准		评价依据（信息、佐证）	评价方式			权重	得分小计	总分
				自我评价	小组评价	教师（企业）评价			
				10%	20%	70%			
关键能力	1. 穿戴整齐，执行安全操作规程； 2. 能参与小组讨论，相互交流； 3. 能积极主动、勤学好问； 4. 能清晰、准确表达		1. 课堂表现； 2. 工作页填写				50%		
专业能力	1. 能正确使用工具； 2. 工作页的完成情况； 3. 正确配置路由器		1. 课堂表现； 2. 工作页填写； 3. 路由器的配置结果				50%		
指导教师综合评价									
	指导教师签名：					日期：			

知识扩展

1. 忘记路由器的帐号和密码时怎么处理？

小贴士:

路由器的复位方法

路由器后面板（图2.13）。

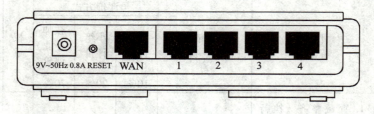

图 2.13 TL－R402M 后面板示意图

关闭路由器电源，用一根小针按着路由器上的 RESET 按钮，然后打开路由器电源（不要松开 RESET 按钮），约 3 秒后，面板上的 M1、M2 指示灯同时闪烁表示路由器复位成功，路由器恢复默认的帐号和密码。

2. 忘记路由器的 LAN 口 IP 地址怎么登录路由器？

小贴士:

将本地连接的 IP 地址设置为自动获取，获取 IP 地址后查看网关地址，网关地址即为路由器的 LAN 口 IP 地址，也就是路由器的管理 IP 地址。

学习活动3　服务器建设

学习目标

通过学习，你应能做到：

1. 安装 Windows 2003 R2 系统；

2. 对系统进行初步设置；

3. 配置相应的服务器，域控制器，Web 服务器，DHCP（在路由器或服务器上）。

建议学时

50 课时

学习准备

1. 一体化工作站、计算机。
2. 办公室网络设计方案、参考书、视频光盘、互联网等相关学材。
3. 需要用到的软件列表（表3.1）。

表3.1 软件列表

序号	软件名称	功能
1		
2		
3		
4		
5		

4. 分成学习小组。

本小组人员安排如表3.2。

表3.2 小组成员安排表

序号	工作内容	负责人
1		
2		
3		
4		
5		

学习过程

 引导问题

1. 通过查询，写出个人操作系统和网络操作系统有何区别。

2. 写出你所知道的个人操作系统和网络操作系统的名称。

3. 请查看你使用的计算机所在的工作组名称是＿＿＿＿＿＿＿＿，并阐述工作组的概念。

小贴士：

工作组模式（图3.1）：用户账号被分别存放各自的主机上，只有通过对方主机的认证授权后才能访问对方的共享资源，这样不利于管理共享资源。

工作组通常是数量不多的计算机组成的一个小的网络，每台计算机之间的地位是平等的。这种模式的工作特点：

1）本地帐户存储在本地计算机上；

2）本地帐户能够并且只能够登录到本地计算机；

3）本地帐户可以用"计算机管理"中的"本地用户和组"来管理。

4. 你的计算机加入域了吗？工作组与域有何区别？

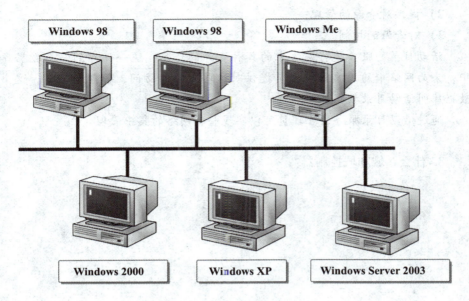

图3.1　工作组

小贴士:

　　工作组没有验证功能，组的成员是平等的。加入了域之后，成员就不平等了。

5. 域中可以包含对象，这些对象包括：
□计算机　　　　□用户　　　　□打印机　　　　□交换机
6. 什么是目录和目录服务？

7. 什么是活动目录？

小贴士:

　　活动目录是一种目录服务，目录服务包括了三方面的功能：
1）组织网络中的资源；

学习任务 ❶ 办公网络的建设与管理

2）提供对资源的管理；

3）对资源的控制。

活动目录的服务是将网络中的各种资源的信息，统一保存到一个数据库中，来为网络中的用户和管理员提供对这些资源的访问、管理和控制，这个数据库叫活动目录数据库。

通过活动目录服务，管理员可以实现整个网络的集中管理。

8. 什么是域和域控制器？

小贴士：

域是活动目录的一种实现形式，也是活动目录中最核心的管理单位，一个域由域控制器和成员计算机组成。域控制器就是安装了活动目录服务的一台计算机。在域控制器上，每一个成员计算机都有一个计算机账号，每一个域用户有一个域用户账号。域管理员可以在域控制器上实现对域用户账号和计算机账号以及其他资源的管理。

域还是一种复制单位，我们可以在域中可以安装多台域控制器，域管理员可以在任何一台域控制器上创建和修改活动目录对象。之后域控制器之间可以自动的同步，或者是复制这样一种更新，达到所有的域控制器的内容一致。

9. 什么是组织单位（OU）？

：

组织单位是活动目录中的一种对象，但它是一种容器类型的对象，也就是说 OU 可以包含其他对象。使用 OU，我们可以在域中组织对象，以方便对域的管理。比如对域中的一个公司中的不同部门的用户的帐户的管理。

使用 OU，还可以实现委派管理控制以及在不同的 OU 上实现不同的组策略，委派管理控制使我们可以对每一个 OU 来指派一名或多名管理员。让 OU 管理员各自管理自己部门的对象。每一个 OU 可以实现不同的组策略设置，我们可以设置用户的工作环境，用户的软件安装等。

10. 什么是树、森林和信任关系？

：

活动目录可以通过分层结构来实施。树指的是根域和子域以及子域的子域所组成的这样一种逻辑结构。而森林，是由多棵树组成的。在一个树的内部，父域和子域之间是相互信任的，我们把这种信任关系称为父子信任。在一个森林内部，树和树之间也是相互信任的，这种信任关系称为树根信任。森林中的信任关系是双向可传递的，双向指的是信任是相互的，而可传递指的是域和域之间可以通过这种信任关系来建立起一种间接的信任。

有了这些信任关系后，当一个域中的用户登录之后，他可以在整个森林范围内来访问其他域中的资源。

11. 什么是站点（Site）？

：

　　站点是活动目录的一种物理结构，站点的目的是为了优化域控制器之间的复制，当一个域跨越不同的城市的时候，城市和城市之间的连接速度远远慢于局域网的连接速度。为了控制不同城市之间的域控制器的复制流量，可以通过站点来实现，每一个站点之间都有一个站点连接，通过配置站点连接，我们可以控制不同站点之间的域控制器在什么时间来执行复制。一般可以配置在非工作期间进行复制，来完成域控制器之间的同步，这样可以减少域控制器在工作时间占用广域网带宽。

　　12. 什么是用户？

：

　　存于 2K，XP，2K3 中，系统的一种对象，包含有多种属性，如：用户名，密码等。不同的用户的配置环境不同，不同的用户帐户的用户名和密码不同，不同的用户的 SID（安全标识符）不同。创建用户有一定的算法和随机性（系统时间和 CPU 使用率），SID 是唯一的，组和计算机对象也有 SID。

　　13. 查询资料，写出 Windows 2003 用户的验证类型（表 3.3）。

表 3.3　验证类型表

用户类型	验证类型	访问资源（权限）
本地用户		
域用户		

小贴士：

1）本地用户：使用"本地用户和组"建立，本地身份验证。只能访问本计算机的资源；

2）域用户：使用"AD 用户和计算机"建立，登录时通过网络连接到 DC 验证信息（网络身份验证）。

14. 写出表 3.4 中 Windows 2003 内置组的权限。

表 3.4　内置组的权限表

内置组类型	中文名	权限
Administrators		
Users		
Power Users		
Guests		

15. 用户名最长_____个字符，可用中文名，但不能有特殊字符，密码最长_____个字符，在创建用户时要注意密码的强度，密码复杂度，至少包含_____，_____，_____，_____ 中的三种。

小贴士：

1）密码策略：建议 10 位以上，要有数字，大写，小写，特殊字符三种以上；

2）空密码问题：对于 2K 不安全，但 xp/2k3 相对 123 这类密码来说空密码更安全，因为默认情况下不能进行网络访问。

16. 写出以下命令的作用。

net user _____。

net user usr pwd/add _____。

net user usr/del _____。

net user usr newpwd _____。

17. 用户配置文件包括：

□开始菜单　　□IE 设置　　□我的文档　　□输入法　　□打印机设置

小贴士:

在 Windows Server 2003 中随着多用户帐户的引入，每个用户可以在同一台计算机上创建不同的用户界面，这些同一台计算机上不同的用户界面便是通过用户配置文件来实现的。用户配置文件定义了用户使用 Windows Server 2003 的工作环境，其中包括用户计算机的桌面设置、区域设定、鼠标、声音设置等参数，另外还有网络连接和打印机设置等。

但是用户配置文件并不是一个具体的文件，它是由一系列文件和文件夹组成的。在硬盘上的 Windows NT 所在的分区中会有一个 "Documents and Settings" 文件夹，在这个文件夹中每一个用户都会有一个以自己的登录名命名的文件夹，该文件夹中包含了用户的各种设置（如图 3.2 所示），这就是用户配置文件。

图 3.2　用户配置文件图

从图 3.2 中可以看到这些文件夹中分别包含了 ［开始］ 菜单、桌面、收藏夹、我的文档和网上邻居等的设置，还有一些隐藏文件夹：NetHood、Print-Hood、本地设置、Recent 和模板文件夹等。其中还有一个 Ntuser.dat 文件，该文件中存储了 Windows Server 2003 的注册表中的 "HKEY_ CURRENT_ USER" 下的数据。

18. 作用域组包含的三类不同的组作用域是：

□通用　　□全局　　□超级用户　　□本地域　　□网络用户

计划及实施

1. Windows 2003 R2 操作系统的安装。

1）更改计算机启动顺序为_____驱动器优先启动，让计算机用系统光盘启动。

2）启动后，系统询问用户是否安装此操作系统，按_____键确定安装，按_____键进行修复，按_____键退出安装。

3）接下来出现软件的授权协议，按_____键同意其协议才能继续进行。

4）如果是第一次安装系统，那么用光标键选定分区_____，建议采用_____分区格式。

5）关于网络方面的设置，对于单孔用户和局域网内客户端来说，直接单击"下一步"按钮继续即可。但对于服务器来说，要设置此服务器可以提供多少客户端使用，此时需要参考说明书的授权和局域网的实际情况，输入客户端数量。

小贴士：

注意此处的选择，如果选择"每服务器"，那么就要输入此 Windows 服务器的授权数量，表示此服务器同时能够让多少客户机访问，如输入 20，表示此服务器最多能让 20 台客户端同时访问。此时，要输入一个合理的数字，来满足局域网的要求。如果选择"每设备或每用户"，那么表示为每一台客户端都购买了授权，那么局域网中的客户机可以访问所有的服务器，没有数量限制。

6）设置计算机的名称和本机系统管理员的密码，计算机的名称为_____，管理员密码为_____。

7）设置完毕并保存后，系统进行第二次启动。第二次启动后，用户需要按_____组合键，输入密码登录系统。

2. Windows 2003 R2 本地用户管理。

1）启动计算机，以_____身份登录 Windows Server 2003，然后右击"我的电脑"选择"管理"命令，如图 3.3 所示。将出现计算机管理控制台。或通过打开"开始"菜单并执行"管理工具"→"计算机管理"命令，也能够打开计算机管理控制台。

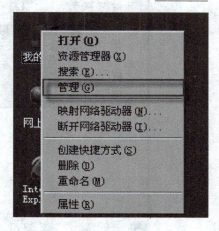

图 3.3　选取"管理"选项

2）在"计算机管理"控制台中，打开_____，并选择_____，将出现系统中现有的用户信息，如图3.4所示。

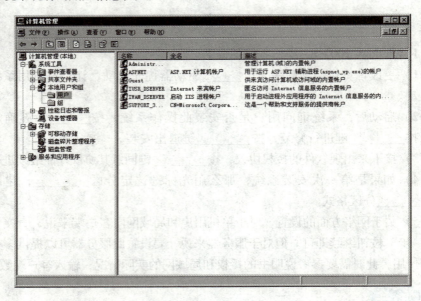

图3.4　用户信息

3）右击"用户"或在右侧的用户信息窗口中的_____右击，将弹出如图3.5所示的菜单。

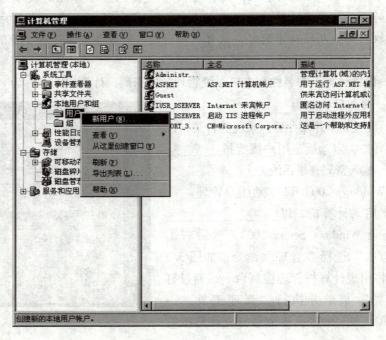

图3.5　建立新用户

4）在出现的菜单中选择_____命令，将弹出创建新用户的对话框，如图3.6所示。

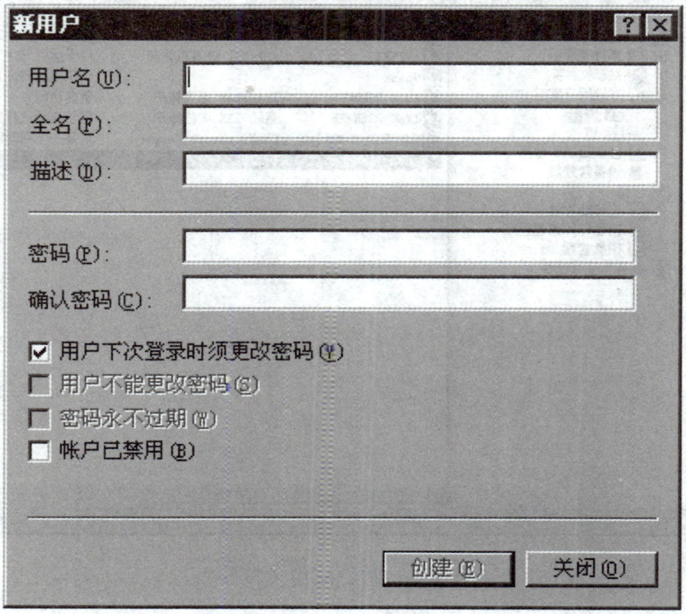

图3.6　创建新用户对话框

根据实际情况在该对话框中设置创建新用户的选项。

用户名：_____。

全名：_____。

描述：_____。

单击"创建"按钮，成功创建之后又将返回创建新用户的对话框。

单击"关闭"按钮，关闭该对话框，然后在计算机管理控制台中将能够看到新创建的用户帐户，如图3.7所示。

5）注销Administrator，使用新创建的用户帐户"zhongjiancheng"登录，登录时将弹出更改密码的提示信息对话框，如图3.8所示。

单击"确定"按钮，将弹出"更改密码"的对话框。

在相应的文本框内输入新密码，然后单击"确定"按钮，将弹出密码更改成功的信息提示框，如图3.9所示。

单击"确定"按钮后，首次登录成功。

如果在创建用户帐户时，选中了"用户下次登录时须更改密码"复选框，只有首次登录时需要_____，以后则正常登录。

6）设置本地帐户属性

注销"zhongjiancheng"，以Administrator帐户登录Windows Server 2003，

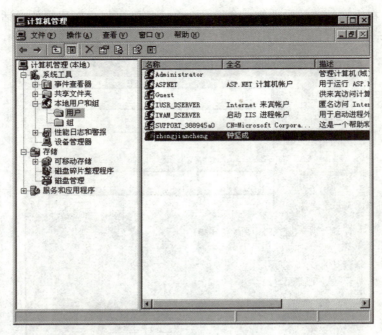

图 3.7 新创建用户帐户

图 3.8 更改密码提示信息对话框

图 3.9 密码更改成功信息提示框

参照上面的步骤打开计算机管理控制台，在用户帐户"zhongjiancheng"上右击，在弹出的菜单中根据实际需要选择菜单中的命令对帐户进行操作。

选择＿＿＿＿＿＿＿命令可以更改当前用户帐户的密码。

选择＿＿＿＿命令或＿＿＿＿命令可以删除当前用户帐户或更改当前用户帐户的名称。

选择＿＿＿＿命令，如图3.10所示。将会弹出该帐户的属性对话框，如图3.11所示。

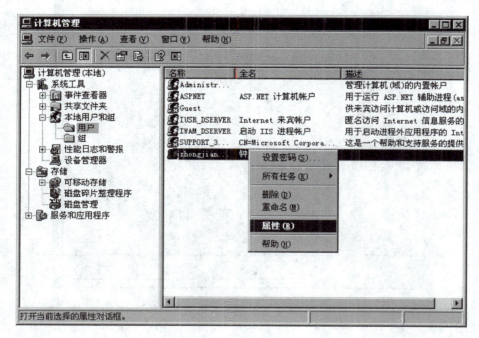

图3.10　打开帐户属性对话框

7）停用"guest"帐户，则在"常规"选项卡中选中"帐户已禁用"复选框，然后单击"确定"按钮返回计算机管理控制台，停用的帐户以红色的"⊗"标志，如图3.12所示。

3. 本地组的管理。

创建本地组并将成员添加本地组。

在计算机管理控制台中右击"组"，选择"新建组"命令，如图3.13所示。将弹出"新建组"的对话框，如图3.14所示。

根据实际需要在相应的文本框内输入内容，在"组名"文本框输入＿＿＿＿＿＿＿＿＿＿，在描述文本框输入＿＿＿＿＿＿＿，然后单击"添加"按钮，将弹出如图3.15所示的选择用户或组的对话框。

将帐户＿＿＿＿＿＿＿添加到Users组，通过帐户属性的"隶属于"选项卡操作。

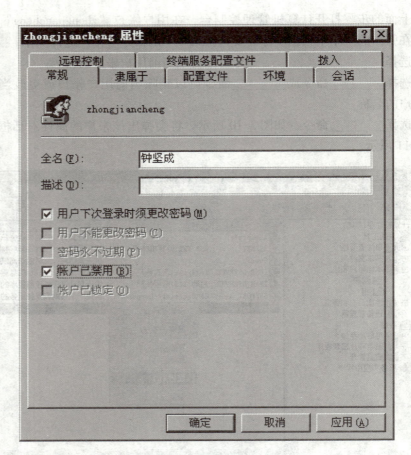

图 3.11　属性对话框

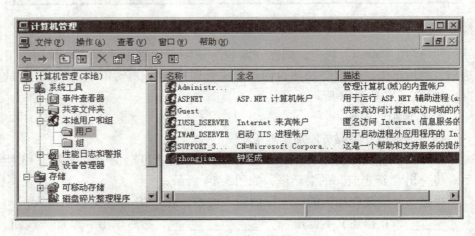

图 3.12　停用帐户

　　在选定的帐户上右击，选择"属性"命令，在弹出的对话框上打开"隶属于"选项卡，如图 3.16 所示。

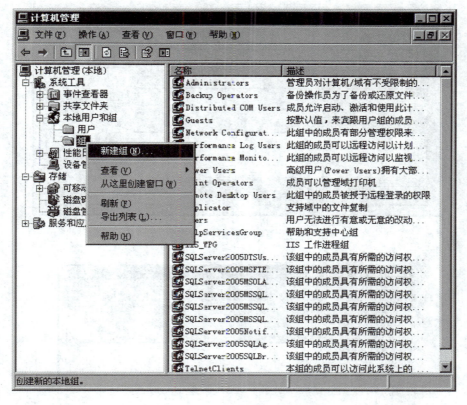

图 3.13　单击右键后"组"菜单

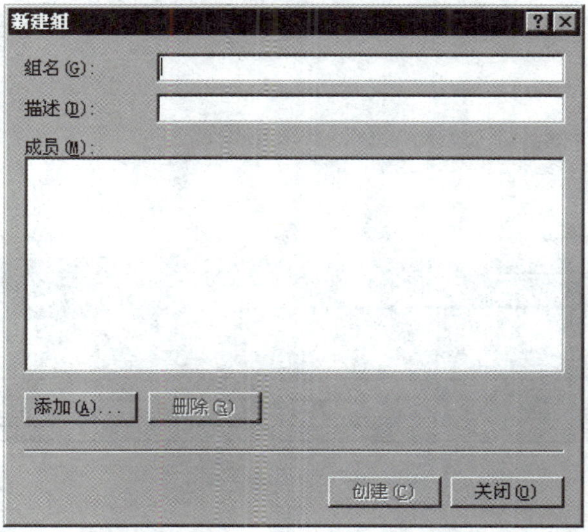

图 3.14　新建组对话框

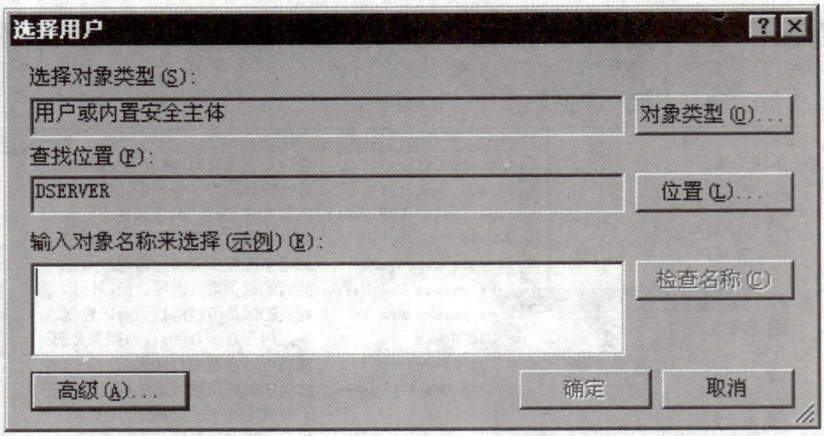

图 3.15　选择用户对话框

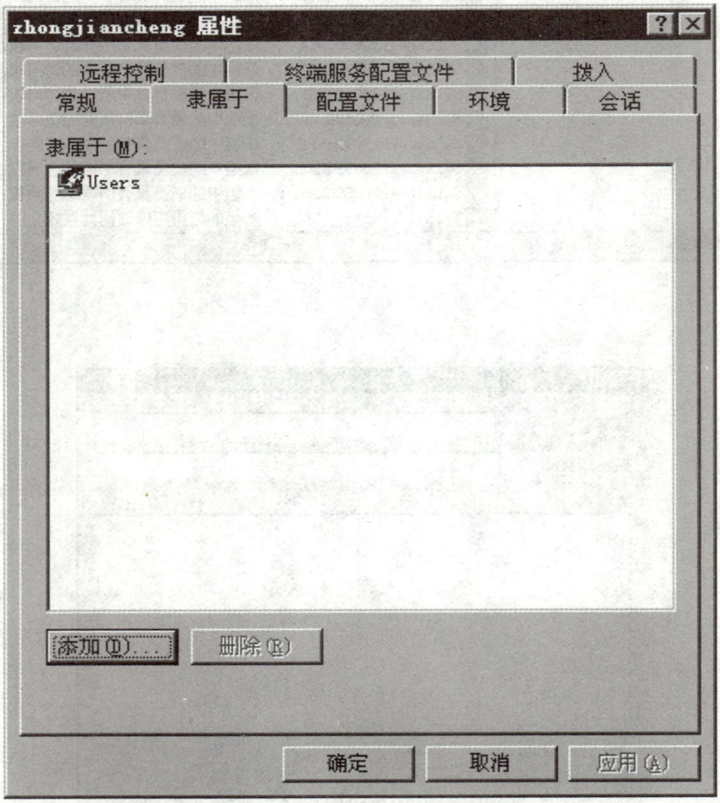

图 3.16　隶属于选项卡

　　单击"添加"按钮出现如图 3.17 所示的对话框，在此可以直接输入需要添加的组的名称，如果记不清楚组的名称，可以单击"高级"按钮，在弹出的对话框中实行查找，如图 3.18 所示。单击"立即查找"按钮，将会出现本计算机所有组的名称。

图 3.17　选择组对话框

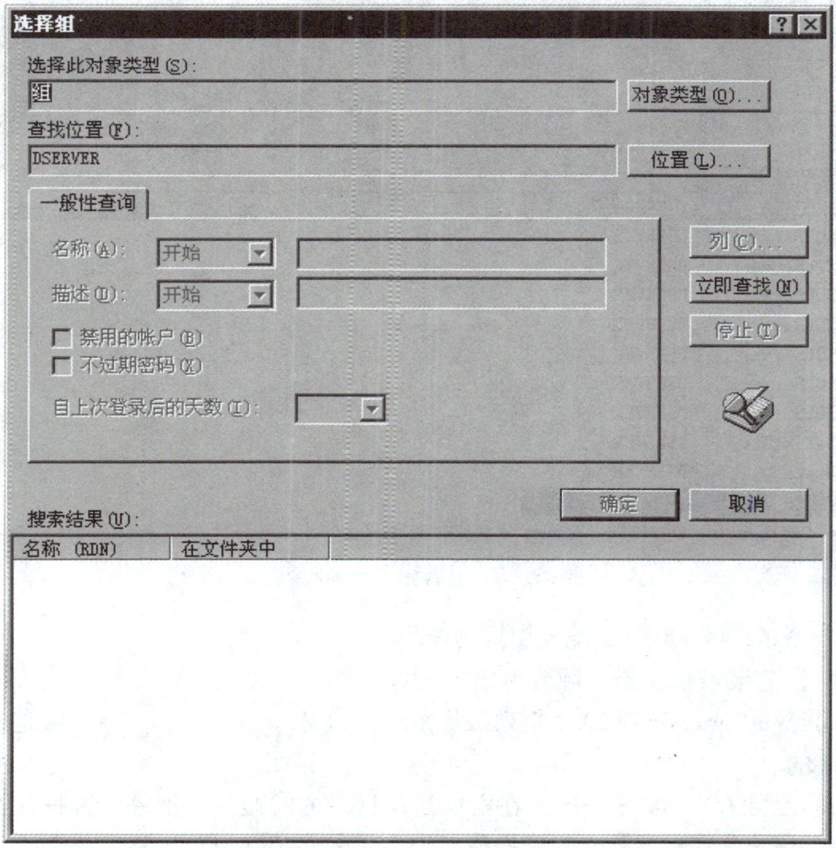

图 3.18　查找用户和组

选择想要加入的组，如图 3.19 所示。单击"确定"按钮，返回"选择组"对话框。加入的组将出现在"选择组"对话框中，如图 3.20 所示。然后单击"确定"按钮，返回用户属性对话框，如图 3.21 所示。单击"确定"按钮，完成组的添加。

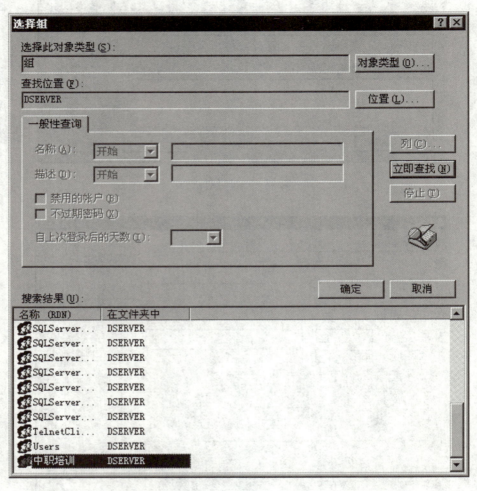

图 3.19　查找到的用户和组

4. Windows 2003 R2 配置域控制器。

（1）安装域控制器，域名为你所在的组名。

1）Windows Server 2003 系列操作系统，但是_____版是不可以安装的。

2）必须存在 NTFS 分区，在安装活动目录的时候，要把一些数据保存在 NTFS 分区上。所以我们在安装操作系统的时候必须选择分区格式化为_____格式。

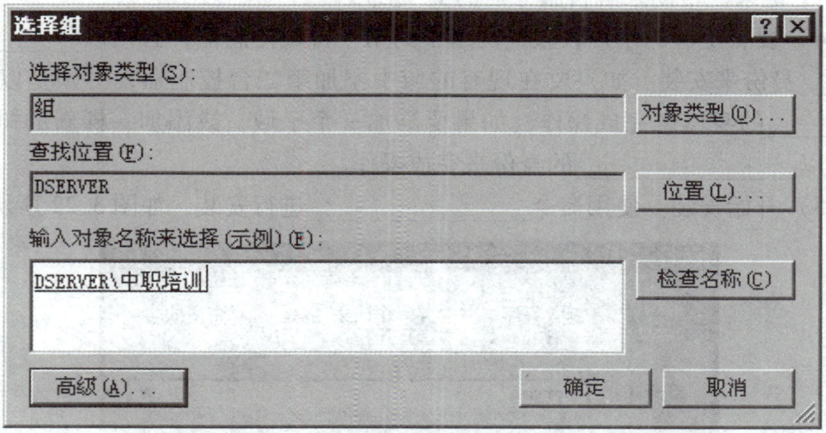

图 3.20　选择指定组

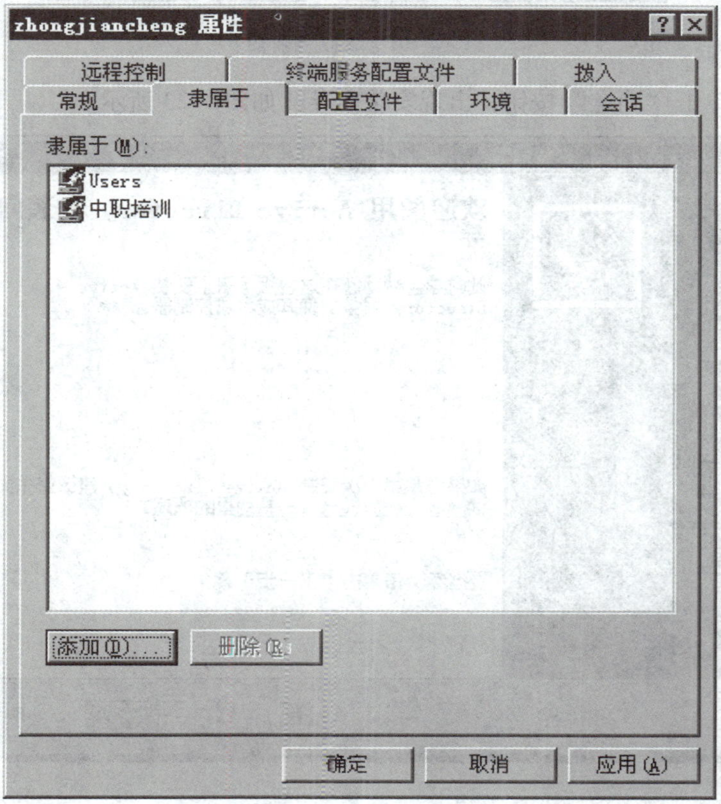

图 3.21　添加指定组

3）DNS 服务器必须支持＿＿＿＿＿＿＿＿＿＿记录，主要是客户端系统要在网络中查询域控制器，或者要进入域控制器的时候，必须通过 DNS 服务器的 SRV 记录，帮助来解析服务器的 IP 地址。

4）要有足够的用户权限，网络中的第一台域控制器，必须以＿＿＿＿＿＿
＿＿＿＿身份来安装。如果要在现有的域中添加第二台控制器，必须是以＿＿
＿＿＿＿的身份来完成操作，如果要添加一个子域，或添加一棵新的树，必
须是以＿＿＿＿＿＿＿＿的身份来完成操作。

5）开始安装。使用命令＿＿＿＿＿＿＿＿＿＿进行安装，如图 3.22 所示。

图 3.22　运行对话框

a）单击"确定"按钮，出现安装向导，如图 3.23 所示。

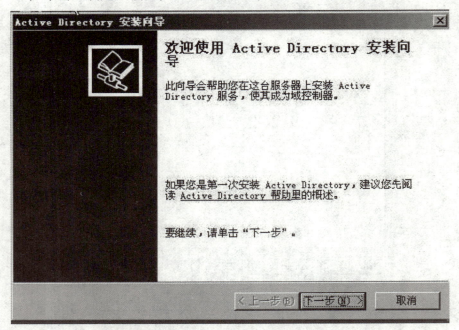

图 3.23　安装向导对话框

b）单击"下一步"按钮，接着出现的就是一些说明信息，由于 Windows
2003 的改进会与较早的一些操作系统有些兼容性问题，这里提示使用的用户
一些关于兼容性方面的一些事项，如图 3.24 所示。

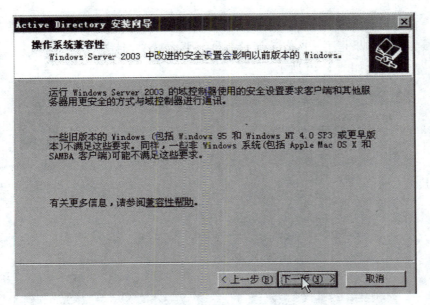

图 3.24　操作系统兼容性提示

c）接下来就是选择域控制器的类型：新域的域控制器和现有域的额外域控制器。如果是第一次安装域控制器，那么就选择_____，如图 3.25 所示。

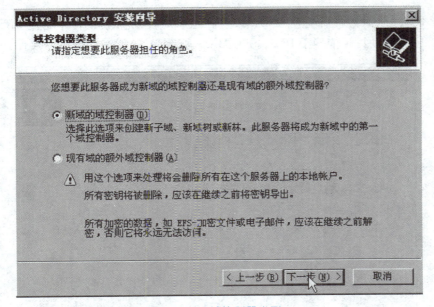

图 3.25　域控制器类型

d）然后就是选择创建域的类型，一般有三种类型：在新林中的域；在现有域树中的子域；在现有的林□的域树。

在每种域类型下面都有每种域的详细的说明，根据需要来选择合适自己的域类型，如果是第一次安装域控制器，那么就要选择 _____ _____，如图 3.26 所示。

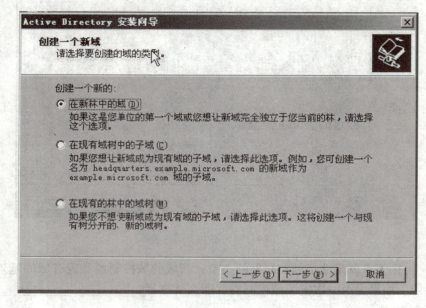

图 3.26　创建一个新域

e）这个时候就要配置 DNS，最好在这台域控制器上安装并配置 DNS 服务，因为活动目录依赖于 DNS，如图 3.27 所示。

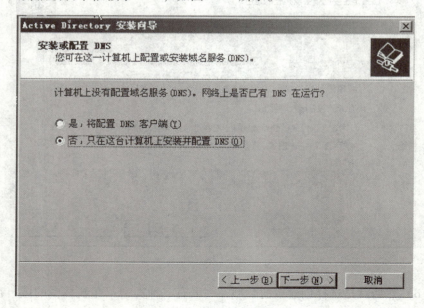

图 3.27　安装或配置 DNS

f）输入域的名称。由于活动目录域是与 DNS 域使用同样的结构，都是使用的分层结构，所以在这里输入域名的时候，一定要输入一个和 Internet 上的域名结构一样的名称，如图 3.28，请以你所在组的名称作为域名：_____
_____。

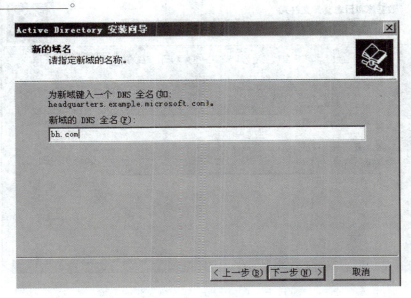

图 3.28　新的域名

g）输入 NetBIOS 名，一般系统会自动选取域名的第一个字段作为 NetBIOS 名称，这里一般使用默认，直接单击"下一步"就可以了，如图 3.29 所示。

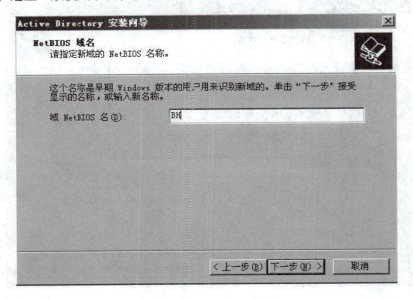

图 3.29　NetBIOS 域名

h) 设置活动目录数据库和日志文件的保存位置，注意保存的分区一定要是_____文件系统，如图 3.30 所示。

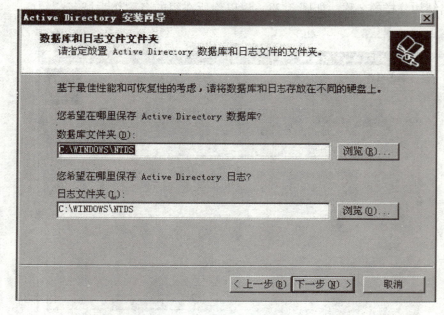

图 3.30　数据库和日志文件文件夹

i) 设置 SYSVOL 文件夹的位置，主要保存组策略的一些设置。一般默认就可以了，如图 3.31 所示。

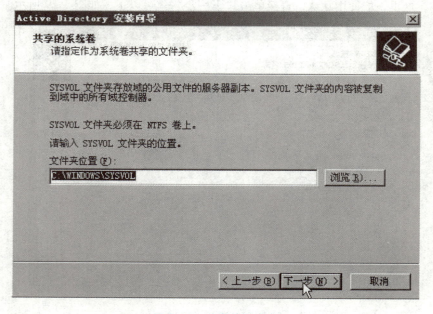

图 3.31　共享的系统卷

j）权限的设置。根据网络中的服务器来选择，如果网络中存在 NT4 的服务器，那么就只能选择"＿＿＿＿＿＿＿＿之前的服务器操作系统兼容的权限"。如果网络中只存在 Windows 2000 与 Windows 2003 服务器，那么就要选择"只与＿＿＿＿＿＿＿＿＿＿操作系统兼容的权限"，我们这里选择第二项，如图 3.32 所示。

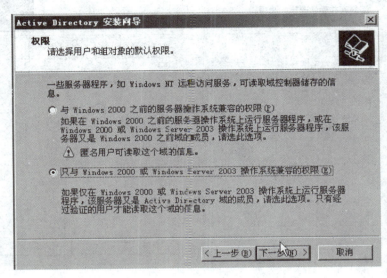

图 3.32　权限

k）设置目录服务还原模式的管理员密码。这个密码是当＿＿＿＿＿＿＿瘫痪以后，用来恢复还原域服务器上的＿＿＿＿＿＿＿＿＿＿的时候要使用的。活动目录还原时，启动电脑按 F□ 键，进入系统还原。如图 3.33 所示。

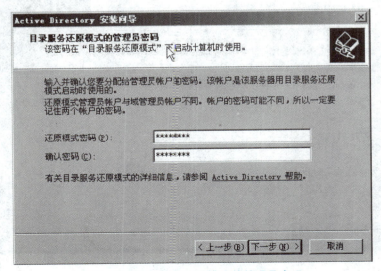

图 3.33　目录服务还原模式的管理员密码

l）接着显示摘要信息，提示用户看有没有什么错误的设置，如果有可以单击"上一步"返回修改，没有设置问题就可以单击"下一步"开始活动目录的安装。如图 3.34 所示。

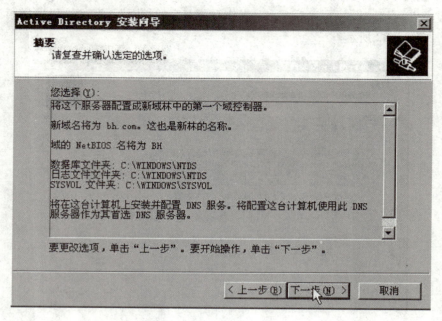

图 3.34　摘要

m）开始活动目录的安装过程。这个过程根据机器的配置有不同的时间，一般只需要 6 分钟左右就可以完成安装。如图 3.35、图 3.36、图 3.37 所示。

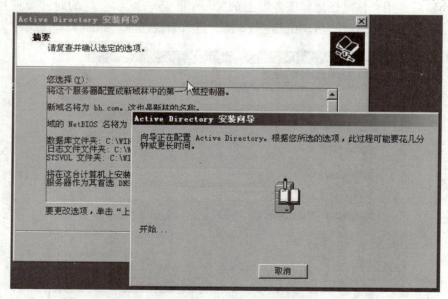

图 3.35　正在配置活动目录

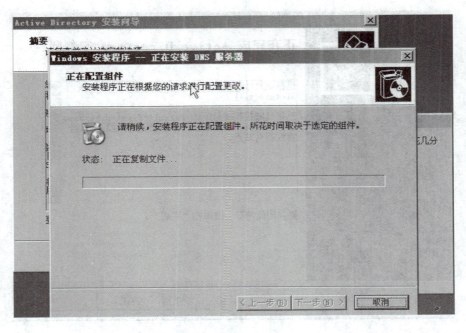

图 3.36　正在配置活动目录组件

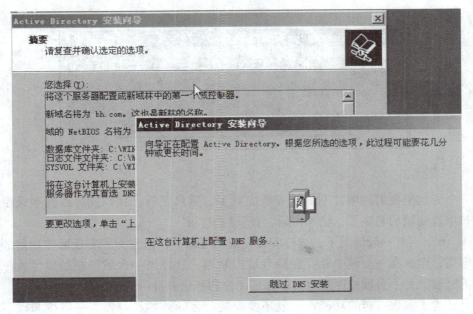

图 3.37　正在配置 DNS

n）最后提示安装完成，接着提示需要重启计算机。如图 3.38、图 3.39 所示。

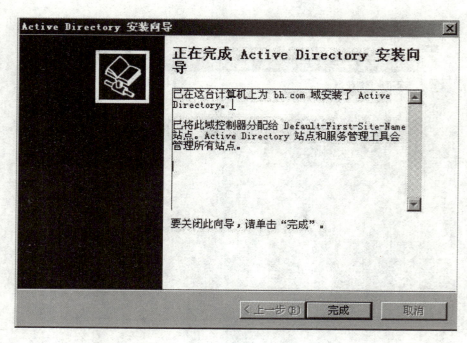

图 3.38　安装完成提示

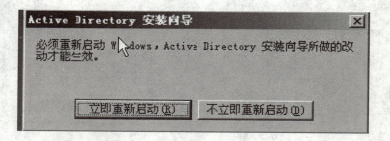

图 3.39　重启提示

到这里我们的域控制器就安装完成了，重启之后，我们就可以在登录窗口中看到域的名字了，输入密码，登录到域。

6）当然一般情况下，这样安装完成就可以了，但是为了实现域控制器的容错，至少在一个域中要存在两台域控制器，这样当一台域控制器发生故障的时候，另一台域控制器也可以保证用户的登录和身份验证。

为了实现这样的功能，一般还要安装一台额外域控制器，一般按照以下的步骤来实现：

a）设置额外域控制器的 DNS。把 DNS 指向网络中的第一台域控制器。

b）安装额外域控制器。安装过程和安装域控制器一样，只是在选择创建域的类型的时候，选择"现有域的＿＿＿＿＿域控制器"。如图 3.40 所示。

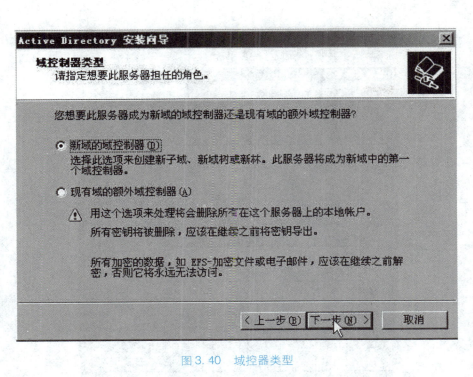

图 3.40　域控器类型

c）必须是以＿＿＿＿＿＿＿＿身份来完成这个操作，接着输入加入域控制器的管理员密码，以后的操作和安装域控制器一样。

7）客户机加入域。加入域之前，检查客户机的网络配置。

a）确保网络物理层上连通，测试方法：＿＿＿＿＿＿＿＿＿＿＿＿＿

＿＿＿＿＿＿＿＿＿＿＿＿＿＿

b）设置 IP 地址。

表 3.5　IP 地址设置表

计算机名称	IP 地址	子网掩码	网关	DNS

c）检查客户机到服务器是否连通，测试方法：＿＿＿＿＿＿＿＿＿＿

＿＿＿＿＿＿＿＿＿＿＿＿＿

（2）打开计算机属性—选择—计算机名—更改—＿＿＿＿＿＿＿，输入域名＿＿＿＿＿＿＿。参见图 3.41。

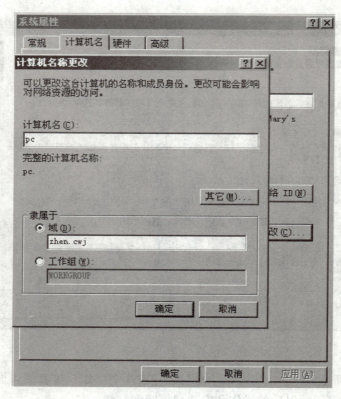

图 3.41　计算机名称更改

　　输入用户名_____和密码，直到完成，并重启即可，如图 3.42、图 3.43。

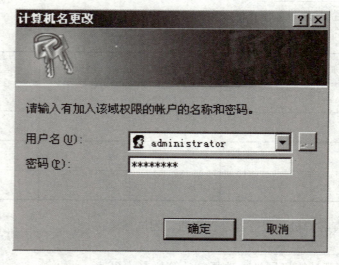

图 3.42　输入用户名和密码

图 3.43 欢迎加入域

（3）登录到域，如图 3.44。

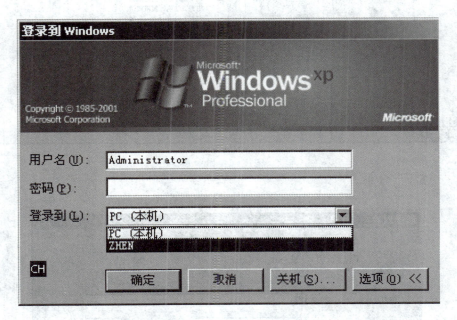

图 3.44 登录到 Windows

4. Windows 2003 R2 域用户管理。

1）创建一个以你的名字命名的域用户。

a）执行"开始"→"程序"→"管理工具"→"＿＿＿＿＿＿＿＿＿"命令，弹出如图 3.45 所示窗口。也可以通过在"控制面板"中双击"管理工具"，然后在"管理工具"窗口中双击"＿＿＿＿＿＿＿＿＿"图标，打开"Active Directory 用户和计算机"窗口。

b）在"Users"上右击，执行"新建"→"＿＿＿＿＿＿＿＿＿"命令，如图 3.45 所示。弹出一个创建用户的对话框，在该对话框中输入用户信息，如图 3.46 所示。

图 3.45　创建用户对话框

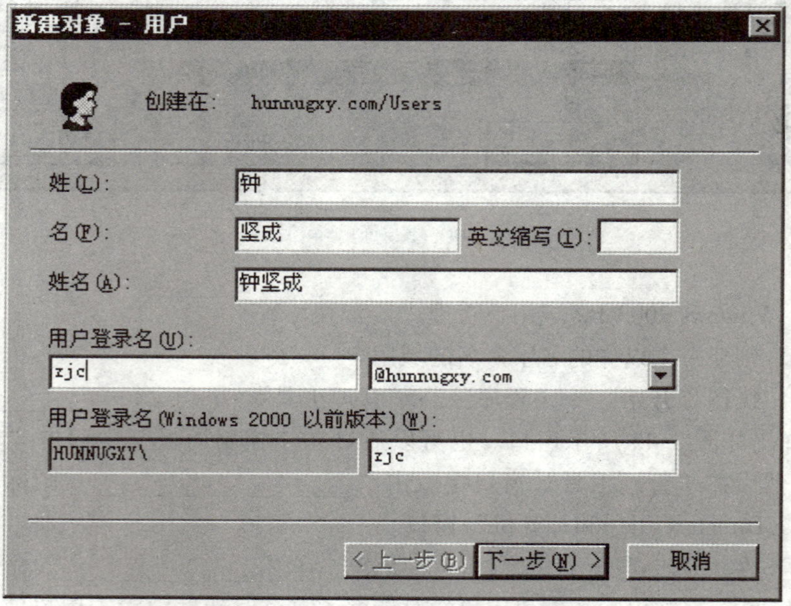

图 3.46　输入用户信息

c）单击"下一步"按钮，输入用户密码，如图3.47所示。为了域用户帐户的安全，管理员在给每个用户设置初始化密码后，最好将＿＿＿＿＿＿＿＿＿＿＿＿复选框选中，以便用户在第一次登录时更改自己的密码。

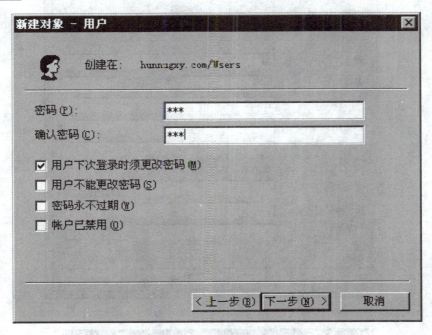

图3.47　输入用户密码

若弹出如图3.48所示的警告提示框，用户无法创建。请说明是什么问题造成的？该如何解决？

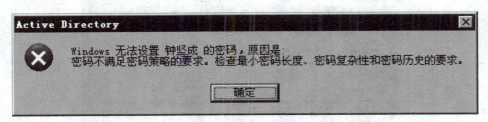

图3.48　警告提示框

2）设置域帐户属性。

a）右击你新建的帐户，输入你的用户信息，请参考图3.49完成设置，并写出操作步骤。

b）请更改用户登录名为你的学号，密码策略为用户下次登录时须更改密码，帐户永不过期，请参考图3.50所示进行相应的设置，并写出操作步骤。

学习任务 1　办公网络的建设与管理

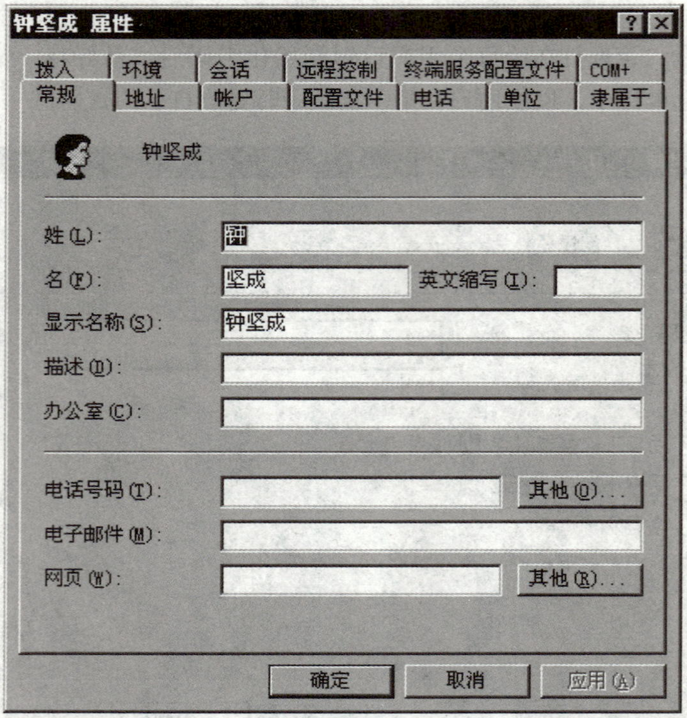

图 3.49　用户属性（一）

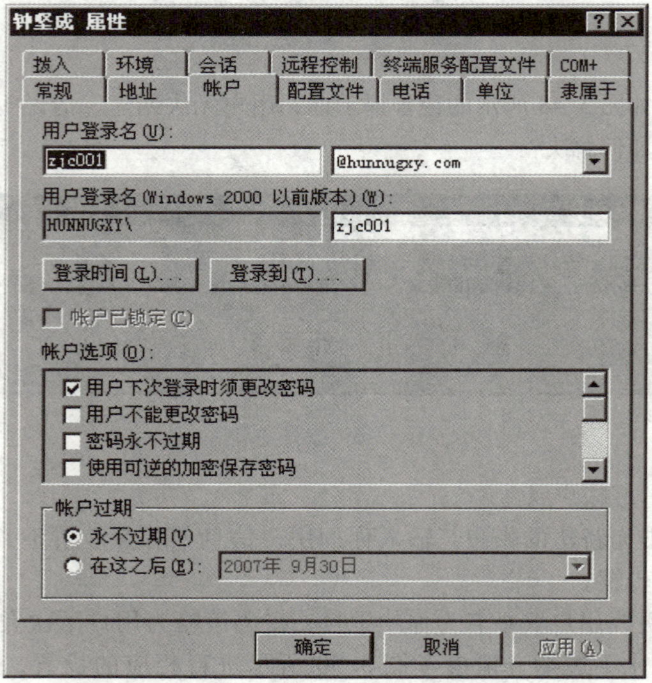

图 3.50　用户属性（二）

c）按图 3.51 设置你新建的用户的登录时间。

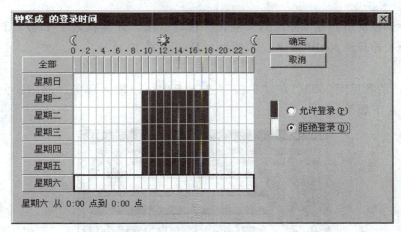

图 3.51　登录时间

请写出上图中用户能登录的时间段为：_____

_____。

小贴士：

对于时间控制，如果已登录用户在域中的工作时间超过设定的"允许登录"时间，并不会断开与域的连接。但用户注销后重新登录时，便不能登录了，"登录时间"只是限定可以登录到域中的时间。

d）参见图 3.52，控制用户只能登录你所在的组的计算机。

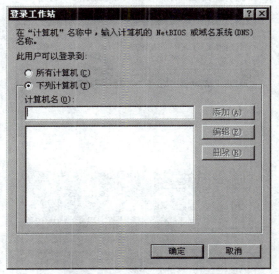

图 3.52　登录工作站

小贴士:

对于控制用户可以登录到哪些计算机时,在"计算机名"下的文本框中只能输入计算机 NetBIOS 名,不能输入 DNS 名或 IP 地址。

e) 请参见图 3.53。在"单位"选项卡中可以输入职务、部门、公司名称、直接下属等。

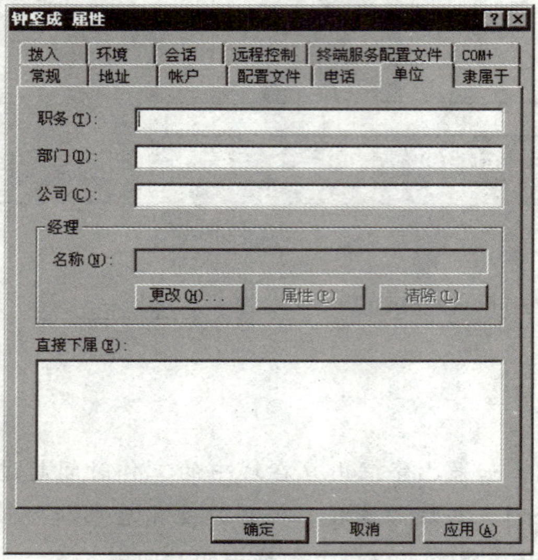

图 3.53 用户"单位"属性

f) 参见图 3.54 将你新建的用户添加到超级用户组。

图 3.54 用户隶属组

g）参见图 3.55、图 3.56、图 3.57，提升域功能级别。

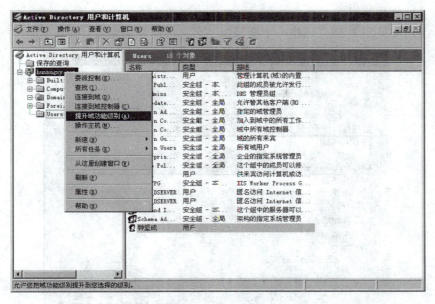

图 3.55 提升域功能级别

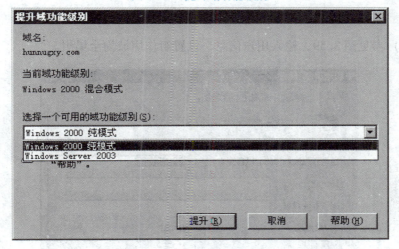

图 3.53 选择域功能级别

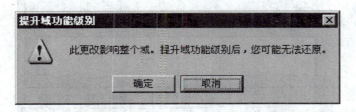

图 3.57 提升域功能级别提示

提升域级别带来什么好处呢?

3) 创建域组。

a) 参见图 3.58，创建一个全局组，名称为所在的组名。

图 3.58　新建全局组

b) 参见图 3.59，输入用户信息，设置组作用域为全局组。

图 3.59　全局组属性

c）参见图 3.60，将你所在组的用户添加到创建的组中。

图 3.60　成员对话框

d）如果忘记需要添加的用户名称，可以参见图 3.61、图 3.62、图 3.63，在弹出的对话框中单击"立即查找"按钮，计算机将域中所有的用户、联系人或计算机都显示在对话框中，从中选择需要添加的用户，单击"确定"按钮。

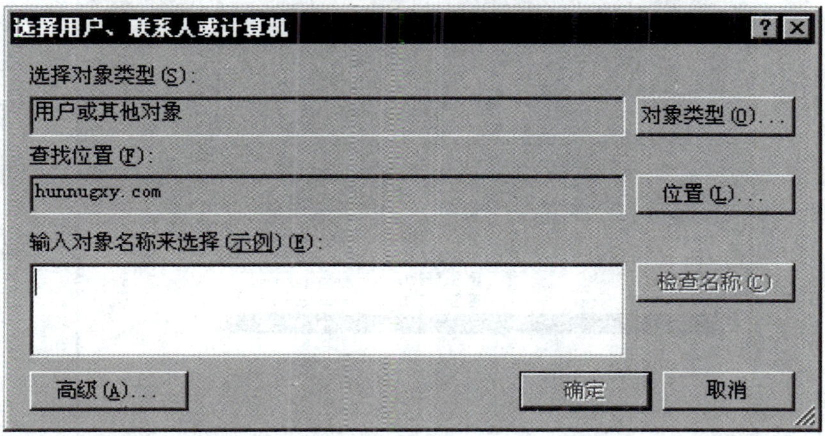

图 3.61　查找指定用户

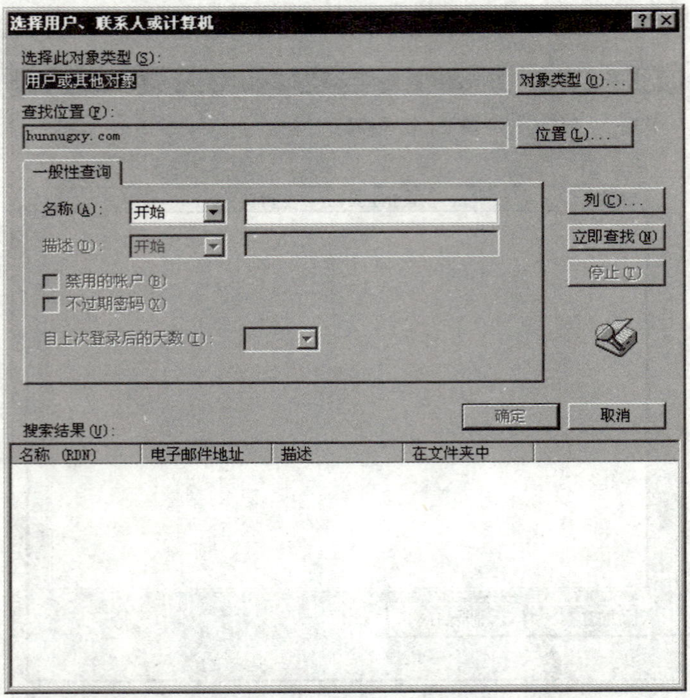

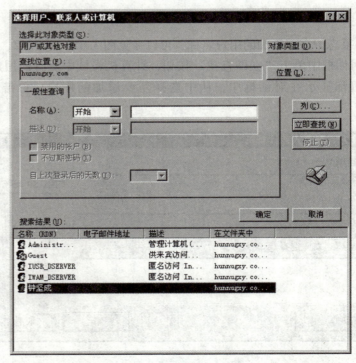

图 3.62 开始查找用户

图 3.63 查找到的用户

e）在返回的对话框中，已经选择的用户出现在其中，单击"确定"按钮，如图 3.64 所示。返回"成员"选项卡，如图 3.65 所示。单击"确定"按钮，用户添加完毕。

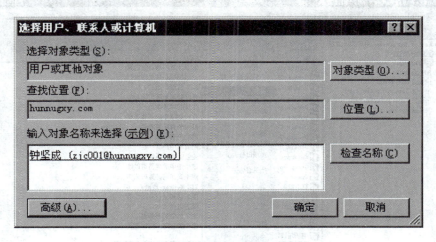

图 3.64　选择查找到的指定用户

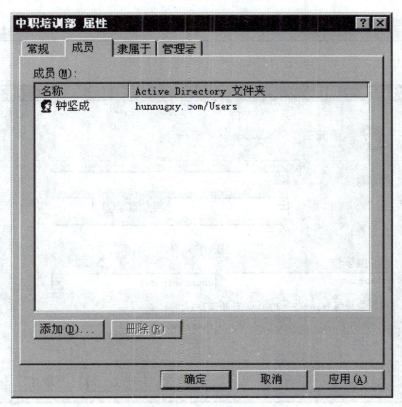

图 3.65　成员选项卡

4）采用复制创建新的域账号。

a）参见图 3.66、图 3.67，采用复制创建新的域账号。

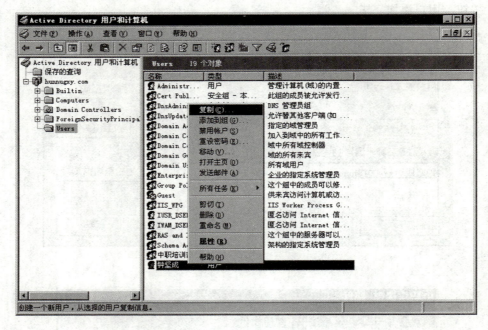

图 3.66 复制域帐号

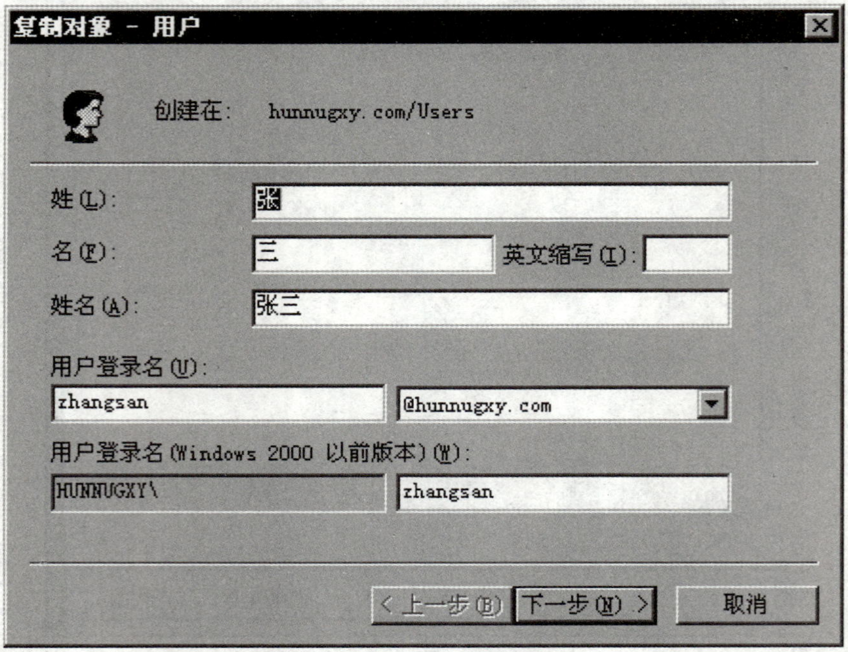

图 3.67 复制帐号的属性

b）然后，可以打开通过复制创建的用户的"属性"窗口，打开"隶属于"选项卡，可以清楚地看到原来被复制的这个用户所隶属于的组出现在这个新建的用户属性中，如图 3.68 所示。

图 3.68　用户所属的组

小贴士：

采用复制的方式创建新的域用户，默认情况下，只有最常用的属性（比如登录时间、工作站限制、帐户过期限制、隶属于哪个组等）才传递给复制的用户。

5）创建组织单位。
参见图 3.69、图 3.70，创建组织单位，名称为你所在的组名。

学习任务 ❶　办公网络的建设与管理

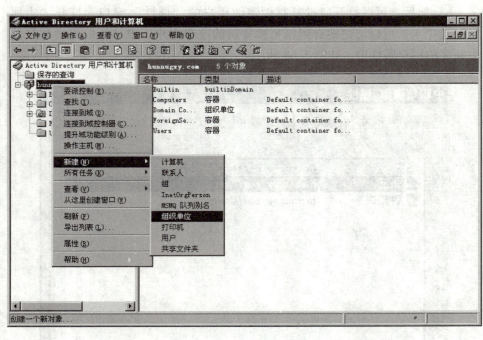

图 3.69　新建组织单位

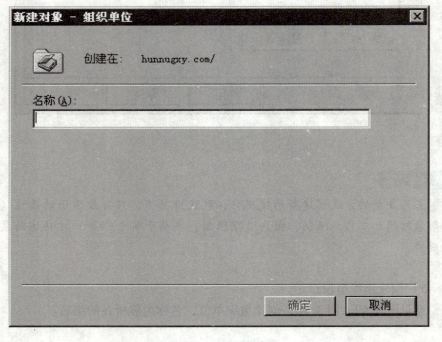

图 3.70　组织单位名称

6）向组织单位中添加组织单位、用户和组。

参见图 3.71、图 3.72，向刚创建的组织单位中添加组织单位、用户和组。

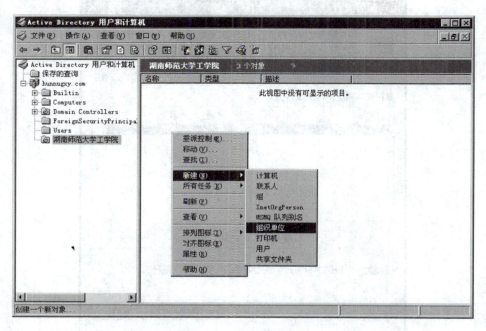

图 3.71　添加组织单位

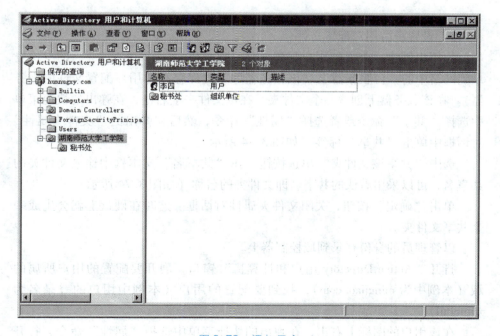

图 3.72　添加用户

7）用户配置文件。

参见图3.73，查看目前的计算机上的本地用户配置文件。

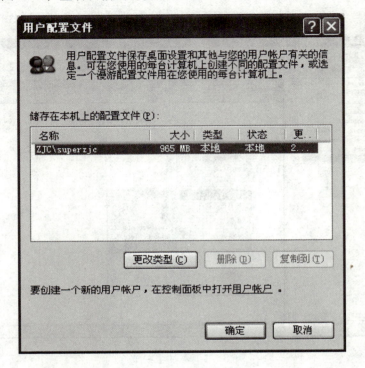

图 3.73　用户配置文件

8）设置漫游用户配置文件。

为用户创建一个漫游用户配置文件。首先以_____的身份登录到网络中的一台服务器上（该服务器即为要保存漫游用户配置文件的服务器）。在该服务器上创建一个文件夹。在该文件夹上右击，在弹出的快捷菜单中选择"共享"命令或者选择"属性"命令，然后在弹出的"文件夹属性"对话框中单击"共享"标签（如图3.74所示）。

选中"共享该文件夹"单选按钮，在"共享名"文本框中输入文件夹的共享名，可以采用默认的共享名即文件夹的名称（如图3.74所示）。

单击"确定"按钮，关闭文件夹属性对话框。这时在硬盘上就会生成一个共享文件夹。

以管理员的身份登录到域控制器上。

打开"Active Directory 用户和计算机"窗口，展开要配置的用户所属的域（本例中为 mingjiao.com），找到要配置的用户（本例中用户的登录名为xubinhui）。

在该用户的图标上右击，在弹出的快捷菜单中选择"属性"命令，打开

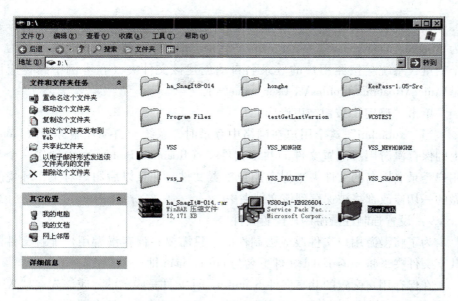

图 3.74　创建共享文件夹

用户属性对话框。

单击"配置文件"标签，打开"配置文件"选项卡（如图 3.75 所示）。

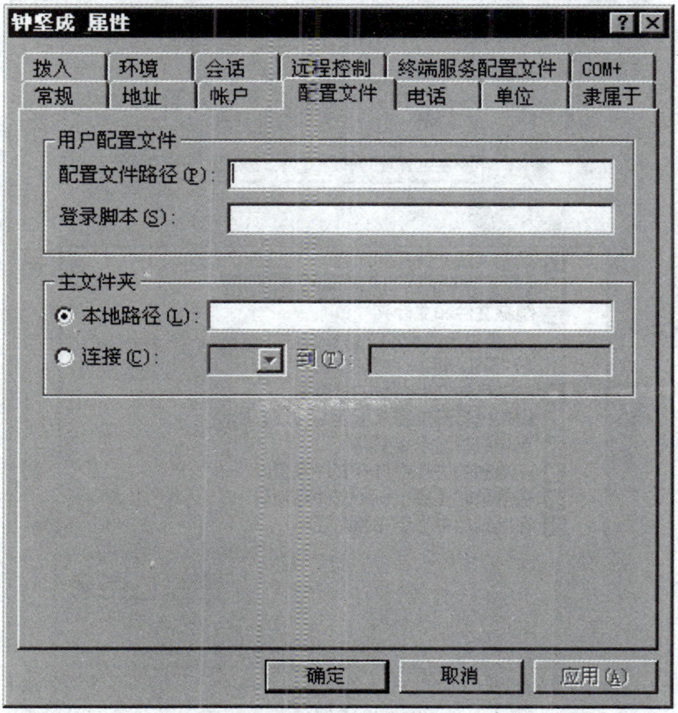

图 3.75　设置配置文件路径

在"配置文件路径"文本框中输入配置文件放置的路径，路径的形式为\\Server_name\Shared_folder_name\% User_name%，其中% user_name% 为一个变量，系统会按照用户的登录名自动创建该文件夹（在本例中路径应该是\\nice\Roaming Profiles\% User_name%）。

单击"确定"按钮结束操作。

当"xubinhui"这个用户在网络中登录时，系统会自动在服务器（Lion）上的保存漫游用户配置文件的共享文件夹（Roaming Profiles）中创建一个与用户登录名同名的文件夹来保存用户配置文件，并且以后用户对工作环境所做的一切修改都将被保存到该文件夹中。

9）设置强制性漫游用户配置文件。

为了将漫游用户文件改成强制性的，只需要在保存漫游用户配置文件的共享文件夹下将 ntuser. dat 文件更名为 ntuser. man 即可。

在保存用户配置的共享文件下 ntuser. dat 文件是隐藏的。应该先在"Windows 资源管理器"中打开"工具"菜单，然后选择"文件夹选项"命令。在"文件夹选项"对话框中打开"查看"选项卡，在"高级设置"列表框中，选中"显示所有文件和文件夹"单选按钮（如图 3.76 所示）。

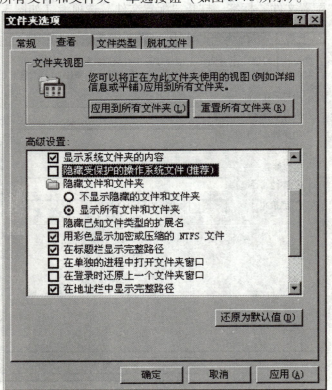

图 3.76　文件夹选项

评价反馈

1. 各组派代表演示自己组的配置过程。请记录下其他组对你们组的建议和意见。

2. 请写出完成该任务后你掌握了哪些技能？

3. 请写出你心得体会及经验教训。

4. 学习活动考核评价表（表3.5）
学习活动名称：_____

表3.5 学习活动考核评价表

班级：	学号：	姓名：	指导教师：					
评价项目	评价标准	评价依据（信息、左证）	评价方式			权重	得分小计	总分
			自我评价	小组评价	教师（企业）评价			
			10%	20%	70%			
关键能力	1. 仪容仪表整齐； 2. 能参与小组讨论、相互交流； 3. 能积极主动、勤学好问； 4. 能清晰、准确表达	1. 课堂表现； 2. 工作页填写				50%		
专业能力	1. 工作页的完成情况； 2. 能正确配置服务器	1. 课堂表现； 2. 工作页填写				50%		
指导教师综合评价								
指导教师签名：					日期：			

学习活动 4 系统安全设置

学习目标：

通过学习，你应能做到：

1. 路由器的安全设置；
2. 基于交换机的安全设置；
3. 服务器操作系统的安全设置；
4. 杀毒软件的设置。

建议学时

2 课时

学习准备

1. 一体化工作站、计算机。
2. 办公室网络设计方案、参考书、视频光盘、互联网等相关学材。
3. 要领取的工具与材料见表 4.1。

表 4.1 工具设备借用表

项目名称：					
序号	名称	品牌型号	数量	单位	备注
1					
2					
3					
4					
…					
借用人签字：	20　年　月　　　日		归还情况	20　年　月　　　日	
仓管员签字：	20　年　月　　　日				

4. 需要用到的软件列表（参见表 4.2）。

表4.2　软件列表

序号	软件名称	功能
1		
2		
3		
4		
5		

5. 分成学习小组。

本小组人员安排如表4.3。

表4.3　小组成员安排表

序号	工作内容	负责人
1		
2		
3		
4		
5		

学习过程

 引导问题

1. 下列设备具有防火墙功能的是：

☐路由器　　　　　　☐操作系统

☐二层交换机　　　　☐三层交换机

2. 请查询资料写出硬件防火墙和软件防火墙有何区别。

3. 请查询资料写出常见的三种防火墙特点对比（参见表4.4）。

表 4.4　防火墙特点对比表

类型	优点	缺点
包过滤型		
状态监测型		
代理服务型		

4. 请上网查询常见的防火墙厂家，了解常见防火墙的型号、性能参数和价格，填写表4.5。

表 4.5　防火墙型号、性能参数和价格表

序号	品牌	型号	参数	价格

5. 通过资料搜集，了解常见病毒类型（参见表4.6）。

表 4.6　病毒类型表

类型	作用方式	描述
系统病毒		
木马病毒		
脚本病毒		
宏病毒		

6. 通过资料搜集，了解常见病毒查杀方式，并列举常用的检测工具。

7. 通过资料搜集，了解常见病毒种类、中毒特征及防治方法，填写表4.7。

表 4.7　病毒特征及防治方法

病毒种类	中毒特征	防治方法

8. 列举4种杀毒软件，在表4.8中写出其特点。

表4.8　杀毒软件特点表

杀毒软件名称	版本	特点	用户评价

计划与实施

1. 路由器的安全设置开启防火墙

1）过滤访问端口

主要是根据不同协议需要访问的端口对网络进行设置。

请屏蔽掉表4.9所列服务端口，以限制局域网内的电脑使用。

表4.9　服务端口类型

服务类型	端口号	用途
TELNET		
HTTP		
OICQ		

2）过滤 MAC 地址

MAC 地址相当于每个网卡的身分证，每个地址在全世界都是唯一的。通过在路由器端屏蔽掉某个主机网卡的 MAC 地址，就可以阻止其访问外网。

请屏蔽掉表4.10所列 MAC 地址，以限制局域网内的电脑使用。

表4.10　MAC 地址

计算机名	MAC 地址	

3）过滤网站地址

输入你想过滤的网站地址就可以阻止你的机器访问该网站，适合对非法网站和黄色网站的过滤。

2. 基于交换机的安全设置

1）配置交换机端口的最大连接数

Switch(confg-if)#＿＿＿＿＿＿＿＿＿＿＿＿＿//开启端口安全

```
Switch(confg-if)# _____        //最大连接数为 4
Switch(confg-if)# _____        //违例后关闭端口
```

2）配置交换机端口的 MAC 与 IP 地址绑定

```
Switch(confg-if)# _____        //开启端口安全
Switch(confg-if)# _____        //绑定 MAC 地址
```

MAC 地址绑定

3. 服务器安全策略设置

1）帐户安全策略

a）提高密码的破解难度

在域管理工具中运行"域安全策略"工具，对密码策略进行相应的设定（图 4.1）。

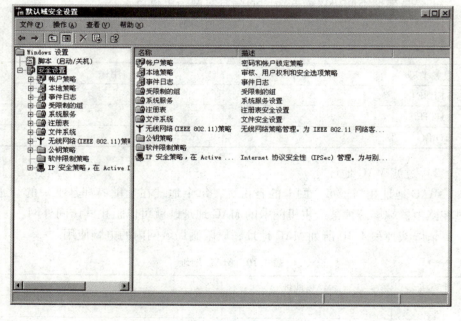

图 4.1　默认域安全设置

：

　　提高密码的破解难度主要是通过采用提高密码复杂性、增大密码长度、提高更换频率等措施来实现，但这常常是用户很难做到的，对于企业网络中的一些安全敏感用户就必须采取一些相关的措施，以强制改变不安全的密码使用习惯。密码策略也可以在指定的计算机上用"本地安全策略"来设定，同时也可在网络中特定的组织单元通过组策略进行设定。

b）启用帐户锁定策略

指定帐户锁定的阈值，即锁定前该帐户无效登录的次数，具体操作如图4.2、图4.3。

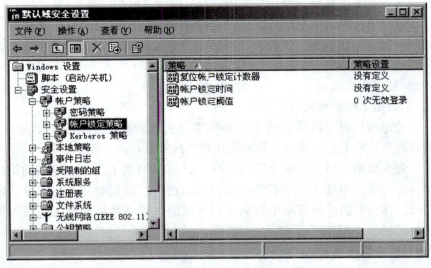

图4.2　帐户锁定策略

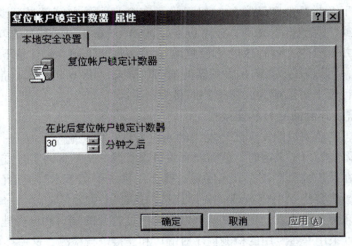

图4.3　帐户锁定计数器

小贴士：

帐户锁定是指在某些情况下（例如帐户受到采用密码词典或暴力猜解方式的在线自动登录攻击），为保护该帐户的安全而将此帐户进行锁定。使其在一定的时间内不能再次使用，从而挫败连续的猜解尝试。

c）限制用户登录

对于企业网的用户还可以通过对其登录行为进行限制，来保障其帐户的安全。这样一来，即使是密码出现泄漏，系统也可以在一定程度上将黑客阻挡在外，对于 Windows Server 2003 网络来说，运行"Active Directory 用户和计算机"管理工具。然后选择相应的用户，并设置其帐户属性。

在帐户属性对话框中，可以限制其登录的时间和地点。单击其中的"登录时间"按钮，在这里可以设置允许该用户登录的时间，这样就可防止非工作时间的登录行为。

2）监控安全策略

a）启用系统审核机制

系统审核机制可以对系统中的各类事件进行跟踪记录并写入日志文件，以供管理员进行分析、查找系统和应用程序故障以及各类安全事件。

首先在被审核对象"安全"属性的"高级"属性中添加要审核的用户和组。在该对话框中选择好要审核的用户后，就可以设置对其进行审核的事件和结果。在所有的审核策略生效后，就可以通过检查系统的日志来发现黑客的蛛丝马迹。

b）日志监视

在系统中启用安全审核策略后，管理员应经常查看安全日志的记录，否则就失去了及时补救和防御的时机。除了安全日志外，管理员还要注意检查各种服务或应用的日志文件。在 Windows 2003 IIS 6.0 中，其日志功能默认已经启动，并且日志文件存放的路径默认在 System32/LogFiles 目录下，打开 IIS 日志文件，可以看到对 Web 服务器的 HTTP 请求，IIS 6.0 系统自带的日志功能从某种程度上可以成为入侵检测的得力帮手。

c）监视开放的端口和连接

对日志的监视只能发现已经发生的入侵事件，但是它对正在进行的入侵和破坏行为无能为力了。这时，就需要管理员来掌握一些基本的实时监视技术。

通常在系统被黑客或病毒入侵后，就会在系统中留下木马类后门。同时它和外界的通信会建立一个 Socket 会话连接，这样就可能发现它，netstat 命令可以进行会话状态的检查，在这里就可以查看已经打开的端口和已经建立的连接。当然也可以采用一些专用的检测程序对端口和连接进行检测，这一类软件很多。

d）监视共享

小贴士：

通过共享来入侵一个系统是最为舒服的一种方法了。如果防范不严，最简单的方法就是利用系统隐含的管理共享。因此，只要黑客能够扫描到的 IP 和用户密码，就可以使用 net use 命令连接到的共享上。另外，当浏览到含有恶意脚本的网页时，此时计算机的硬盘也可能被共享，因此，监测本机的共享连接是非常重要的。

监测本机的共享连接具体方法如下：在 Windows Server 2003 的计算机中，打开"计算机管理"工具，并展开"共享文件夹"选项。单击其中的"共享"选项，就可以查看其右面窗口，以检查是否有新的可疑共享，如果有可疑共享，就应该立即删除。另外还可以通过选择"会话"选项，来查看连接到机器所有共享的会话。Windows NT/2000 的 IPC ＄ 共享漏洞是目前危害最广的漏洞之一。黑客即使没有马上破解密码，也仍然可以通过"空连接"来连接到系统上，再进行其他的尝试。

e）监视进程和系统信息

对于木马和远程监控程序，除了监视开放的端口外，还应通过任务管理器的进程查看功能进行进程的查找。在安装 Windows Server2003 的支持工具（从产品光盘安装）后，就可以获得一个进程查看工具 Process Viewer；通常，隐藏的进程寄宿在其他进程下，因此查看进程的内存映象也许能发现异常。现在的木马越来越难发现，常常它会把自己注册成一个服务，从而避免了在进程列表中现形。因此，我们还应结合对系统中的其他信息的监视，这样就可对系统信息中的软件环境下的各项进行相应的检查。

4. 操作系统内置防火墙设置

（1）开启服务器内置防火墙，参见图4.4。

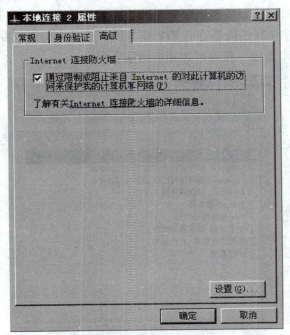

图4.4　本地连接属性

（2）高级设置

对防火墙进行高级设置，参见图4.5。

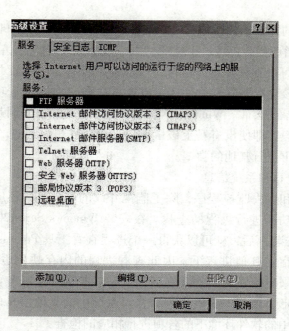

图 4.5　高级设置

1）选择要开通的服务

如图 4.6 所示，如果本机要开通相应的服务可选中该服务，本例选中了 FTP 服务，这样从其他机器就可 FTP 到本机，扫描本机可以发现 21 端口是开放的。可以按"添加"按钮增加相应的服务端口。

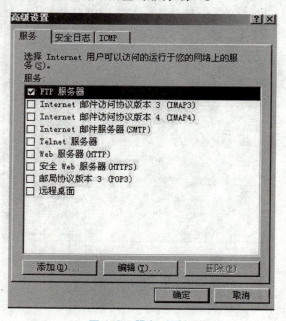

图 4.6　服务对话框

2）设置日志

如图 4.7 所示，选择要记录的项目，防火墙将记录相应的数据，日志默认在 c:\windows\pfirewall. log，用记事本就可以打开。

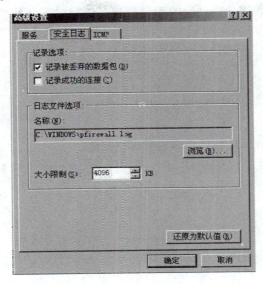

图 4.7 安全日志

3）设置 ICMP 协议

如图 4.8 所示，最常用的 ping 就是用的 ICMP 协议，默认设置完后 ping 不通本机就是因为屏蔽了 ICMP 协议，如果想 ping 通本机只需将"允许传入响应请求"一项选中即可。

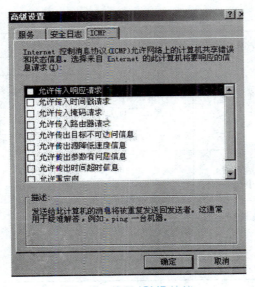

图 4.8 设置 ICMP 协议

5. 杀毒软件的设置

评价与反馈

1. 各组派代表演示自己组的配置过程。请记录下其他组对你们组的建议和意见。

2. 请写出完成该任务后你掌握了哪些技能。

3. 请写出你心得体会及经验教训。

4. 学习活动考核评价表（表4.11）

学习活动名称：＿＿＿＿＿＿＿＿＿＿＿＿＿

表 4.11　学习活动考核评价表

班级：　　　学号：　　　姓名：　　　指导教师：								
评价项目	评价标准	评价依据（信息、佐证）	评价方式			权重	得分小计	总分
			自我评价	小组评价	教师（企业）评价			
			10%	20%	70%			
关键能力	1. 仪容仪表整齐； 2. 能参与小组讨论，相互交流； 3. 能积极主动、勤学好问； 4. 能清晰、准确表达	1. 课堂表现； 2. 工作页填写				50%		

班级：		学号：	姓名：	指导教师：					
评价项目	评价标准		评价依据（信息、佐证）	评价方式			权重	得分小计	总分
				自我评价	小组评价	教师（企业）评价			
				10%	20%	70%			
专业能力	1. 正确配置防火墙安全设置； 2. 工作页的完成情况； 3. 能正确使用杀毒软件查杀病毒		1. 课堂表现； 2. 工作页填写				50%		
指导教师综合评价									
指导教师签名：					日期：				

学习活动 5　总结、展示与评价

学习目标

通过学习，你应能做到：

1. 通过对整个工作过程的叙述，培养良好的表达沟通能力；
2. 通过成果展示，关注学生专业能力、社会能力的全面评价；
3. 使学生反思工作过程中存在的不足，为今后工作积累经验。

建议学时

10 课时

学习准备

1. 一体化工作站、计算机；
2. 办公室网络设计方案、参考书、视频光盘、互联网等相关学材。

学习过程

1. 小组对搭建的网络及服务器进行展示。

2. 小组代表介绍施工方案特点。

3. 小组介绍施工过程中遇到的故障与排除方法。

4. 你通过这次施工，学到了什么新知识？你觉得困难的地方是哪里？请写出小结。

5. 师生展开讨论，共同进行评价，对存在的问题进行整改和优化（参见表 5.1～表 5.3）。

表 5.1　学生自评表

学生姓名		班级		评价总分	
学号		所在小组			
内容名称		考核标准		分值	实际得分
撰写规划方案					
物理网络的连接与配置					
服务器建设					
系统安全设置					
项目施工与测试					
团队协作能力					
自我综合评价与展望					

表 5.2　小组互评表

学生姓名		班级		评价总分	
内容名称		考核标准		分值	实际得分
总结报告		能否对小组成员所有资料进行整理归档，最后形成总结报告			
小组团队合作		能否统一目标，达成共识，形成统一方案			
小组与教师沟通		能否在教师的指导下，独立完成任务			
小组自我综合评价与展望					

表 5.3 教师评价表

组名		组员姓名		评价总分	
考核内容	分值		考核标准		得分
上课纪律	18		迟到、溜号、早退、旷课等。违规一次扣 1 分		
专业技能	24		1. 能按规范作出规划方案； 2. 能按要求搭建网络和服务器，并对系统进行安全设置； 3. 会利用命令测试网的连通性		
规范操作	40		1. 资料收集、整理、保管有序； 2. 工具物品按 6S 标准摆放； 3. 工具的选择和使用熟练、规范		
团队协作	18		1. 积极参与小组讨论及项目实施； 2. 能够在讨论中发表自己的见解； 3. 在小组工作中态度友好，善于交流，富有建设性		

学习任务 2 企业网络建设与管理

一、任务描述

某企业网络管理员招聘启事

职位描述： 负责公司内部网络资源的组建与管理、网络硬件设备的安装调试及维护等工作。

职位要求：

（1）中专以上学历，计算机网络管理相关专业，熟练网络环境设置以及知晓相关网络安全知识，并能熟练安装电脑常规应用软件，包括数据库、编程软件；

（2）二年以上企业网管工作经验；

（3）能独立组建局域网，做好软硬件的维护，能够防御网络安全故障，熟练路由器和交换机的配置、维护与管理，维护公司计算机硬件，搭建与配备计算机网络，根据需求设计网络方案，维护和监控公司局域网和互联网主机服务器，保证其稳定高速安全运行；

（4）了解各类网络协议和服务，如：tcp/ip 协议、路由器协议、web 服务、DHCP 服务、ftp 服务等；

（5）了解 Windows 或 Linux 服务器知识；熟练使用主流电脑操作系统，能够处理常见的软件问题；

（6）具有 MySQL 等主流数据库的创建及维护经验。

素质要求：

（1）亲和力强，团队合作能力强，有吃苦耐劳精神；

（2）努力学习，不断提升自身素质；

（3）诚信、守责并有创新精神。

公司网络背景：该企业是一家提供在线蔗糖交易平台的公司，公司员工数量大约200人，分布在办公楼2、3楼内，共有财务部、销售部、技术部、人力资源部23个科室。全公司出口带宽为10M，电信分配的外网IP为202.108.221.4/28。公司提供的网络应用服务大致为在Windows Server 2003上安装FTP和DHCP服务，其中FTP服务主要提供局域网的文件传输、存储，方便公司员工上传下载文件；其中DHCP服务为局域网中的每台计算机动态分配IP地址。在Linux上安装Web、MySQL服务，其中Web服务提供网站的搭建，其主要功能是向公司客户介绍本公司的业务，更好地树立公司的企业形象；MySQL数据库则是提供互联网客户的文件上传下载，即客户在进行蔗糖交易时的查询结算。

公司网络拓扑现状（图1）：

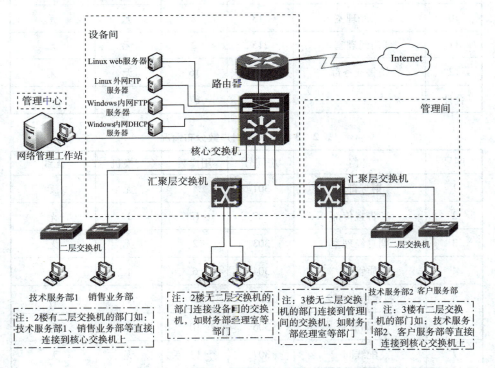

图1　企业原网络拓扑

公司办公室分布（表1、表2）：

表1　2楼办公室用户数分布情况

序号	部门	房间号	用户数	交换机	无线
1	财务部1	201	2	无	无
2	库房	202	4	无	无

序号	部门	房间号	用户数	交换机	无线
3	总经理室	203	2	无	无
4	人力资源部	204	5	1	无
5	技术服务部1	205	20	1	有
6	大会议室	206	15	无	无
7	设备间	207	3	2	无
8	网络中心	209	3	无	无
9	产品事业部1	211	13	1	无
10	部门经理室1	213	2	无	无
11	部门经理室2	215	2	无	无
12	销售业务部	208	16	无	无
合计			87		

表2 3楼办公室用户数分布情况

序号	部门	房间号	用户数	交换机	无线
1	财务部2	301	4	无	无
2	广告宣传部	302	12	1	无
3	副总经理室	303	2	无	无
4	质管部	304	6	1	无
5	技术服务部2	305	20	1	有
6	产品展室	306	10	无	有
7	配线间	307	13	无	无
8	监控室	309	3	无	无
9	产品事业部2	311	15	1	无
10	小会议室	313	10	无	无
11	客户服务部	308	16	1	无
合计			101		

如果你成功地应聘了这份工作，现在公司要求你将现有网络完全替换，重新建立可管理的能够提供更高速率的快速以太网。请你设计一套完整的网络解决方案，并完成该方案的实施及测试，确保公司业务的顺畅运行。

二、学习目标

通过学习，你应当能够：

1. 整体规划网络，选用合适的网络设备，为网络设备合理分配 IP 地址，制作可行的网络规划方案；

2. 学会二层交换机、三层交换机、路由器的安装和配置；

3. 学会在 Windows Server 2003 环境架设 FTP 服务器，提供网内文件资源的共享；

4. 学会在 Windows Server 2003 环境架设 DHCP 服务器，提供 IP 地址的动态分配；

5. 学会如何搭建 Linux 系统，设置基本配置；

6. 学会在 Linux 环境架设 Web 服务器，提供网站访问服务；

7. 学会在 Linux 环境架设 MySQL 数据库，为外网提供文件资源的共享。

三、建议课时

150 课时

四、学习地点

网络组建与管理学习工作站

五、工作过程与学习活动

1. 规划并编写网络技术方案；

2. 网络设备的安装与配置；

3. Windows Server 2003 环境架设 FTP 服务器；

4. Windows Server 2003 环境架设 DHCP 服务器；

5. Linux 系统安装与配置；

6. Linux 环境架设 Web 服务器；

7. Linux 环境架设 MySQL 数据库；

8. 任务评价。

学习活动 6 规划并编写网络技术方案

学习目标

通过学习，你应能做到：

1. 仔细阅读本次任务内容描述，明确网络规模、功能要求，然后列出需要使用的网络设备；

2. 结合网络结构，为各个网络设备分配 IP 地址；

3. 使用 Office Visio 绘图软件制作网络拓扑图；

4. 为本次任务编写可行的网络规划方案。

建议学时

16 课时

学习准备

1. 一体化工作室、计算机；

2. 参考书、视频光盘、互联网等相关学材；

3. 分成学习小组。

学习过程

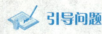 引导问题

1. 该企业需要连接的计算机总共有_____台；需要搭建_____台服务器，分别是_____；该网络属于_____规模的网络。

2. 本次任务中，该企业的市场部有 100 台办公计算机，你帮他们选择_____口交换机作为连接设备；销售部有 90 台办公计算机，你帮他们选择_____口交换机作为连接设备；技术部有 120 台办公计算机，你帮他们选择_____口交换机作为连接设备；研发部有 95 台办公计算机，你帮他们选择_____口交换机作为连接设备；人事部有 50 台办公计算机，你帮他们选择_____口交换机作为连接设备；财务部有 15 台办公计算机，你帮他们选择_____口交换机作为连接设备。

3. 现有的网络带宽为_____ M，重新规划后的网络带宽提升为_____ M 更为合理，为什么？

计划与实施

1. 明确网络规模、功能要求，编写企业网络项目需求分析报告，参见表6.1。

表6.1　企业的网络需求分析报告

需求分析	1. 该企业有多少个部门？各个部门办公计算机有多少台？ 2. 各部门之间有什么网络安全设置要求？（部门互访限制） 3. 员工网络对上网带宽有什么要求？
设备要求	员工对设备有规格、性能及价格方面有什么要求？

2. 请列出该网络需要的网络设备，参见表6.2。

表6.2　网络设备清单

设备名称	规格型号	数量	单价	安装地点

3. 请给本次任务中的客户网络划分子网 IP 和 VLAN，参见表 6.3、表 6.4。

表 6.3　2 楼 VLAN 与 IP 地址规划表

序号	部门	房间号	用户数	VLAN 号	IP 网段
1	财务部 1	201	2		
2	库房	202	4		
3	总经理室	203	2		
4	人力资源部	204	5		
5	技术服务部 1	205	20		
6	大会议室	206	15		
7	设备间	207	3		
8	网络中心	209	3		
9	产品事业部 1	211	13		
10	部门经理室 1	213	2		
11	部门经理室 2	215	2		
12	销售业务部	208	16		

表 6.4　3 楼 VLAN 与 IP 地址规划表

序号	部门	房间号	用户数	VLAN 号	IP 网段
1	财务部 2	301	4		
2	广告宣传部	302	12		
3	副总经理室	303	2		
4	质管部	304	6		
5	技术服务部 2	305	20		
6	产品展室	306	10		
7	配线间	307	13		
8	监控室	309	3		
9	产品事业部 2	311	15		
10	小会议室	313	10		
11	客户服务部	308	16		

4. 通过小组讨论，得出改造后的拓扑方案，然后每位同学使用 Visio 软件绘制拓扑图。

5. 根据《企业的网络需求分析报告》的具体要求，绘制出拓扑结构图，确定 IP 地址规划，形成一个完整的《网络规划方案》（《网络规划方案》中需包含需求分析、网络拓扑图、IP 及 VLAN 划分等内容）。

小贴士：

网络规划的目的是为了对网络建设具有先期的指导性，使用户对所建设的网络有一个全面的了解，对以后的网络实施和验收提供依据。网络规划的思想方法可以从核心层开始着手，分析用户的核心需求，首先满足核心要求，如中心机房的设计，然后逐步发散到汇聚和接入的考虑。也可以从接入层开始入手，首先分析用户的数量和分布，选择接入设备和应用，再考虑上层网络的设计和设备的选择。当然有经验的网络设计人员还可以根据个人的经验和习惯进行设计，不同规模，不同需求导致思想方法不同。网络规划流程如图 6.1 所示。

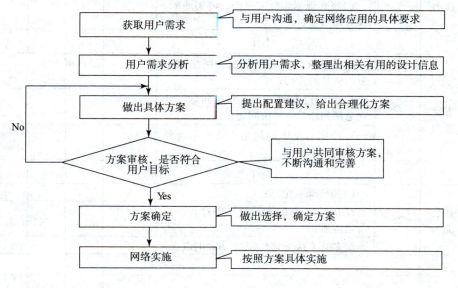

图 6.1 网络规划流程

6. 整个工程请按照网络规划方案进行施工并填写表 6.5。

表 6.5 施工进度表

工作日	1	2	3	4	5	6
入场，核实现场数据						
设备、材料入场						
网络设备安装调试						
服务器安装调试						
工程文档整理						
工程验收						
技术培训						

评价与反馈

请每个小组展示本组制定的组建方案，其他组同学进行评价（表 6.6）。

学习活动名称：＿＿＿＿＿＿＿＿＿＿＿＿＿＿

表 6.6 学习活动评价表

评价项目	分值	评价内容及配分		自评	组评	教师评价
		评价内容	小项配分			
专业能力	50	1. 网络 IP 规划、子网划分是否合理，网络设备选型是否准确；	30			
		2. 能独立完成网络拓扑的绘制；	10			
		3. 格式规范、行文流畅、语句通顺，没有错别字、标符号	10			
		小计				
方法能力	25	1. 能自主地通过对教材、网络的学习与信息的查询；	15			
		2. 能通过查阅资料，发现问题，并在老师的指导下解决问题；	5			
		3. 小组讨论中能运用专业术语与其他成员讨论	5			
		小计				
社会能力	25	1. 遵守课堂纪律；	5			
		2. 能认真观察他人的操作过程，并与之沟通；	10			
		3. 能虚心接受他人意见，并及时改正	10			
		小计				
		总分				

学习活动7　网络设备的安装与配置

学习目标

通过学习，你应能做到：

1. 掌握二层交换机、三层交换机、路由器的安装和配置；
2. 在二层交换机和三层交换机上使用 VLAN 技术，实现同一部门间的互访；
3. 在路由器上使用 ACL，实现不同部门间访问可以进行控制；
4. 在路由器上使用 NAT 协议，实现内网访问互联网资源；
5. 使用 RIPv2 路由协议，实现全网互通。

建议学时

30 课时

学习准备

1. 一体化工作室、计算机；
2. 参考书、视频光盘、互联网等相关学材；
3. 分成学习小组。

学习过程

✅ 引导问题

1. 交换机连接 PC 使用_____线，交换机连接交换机使用_____线，交换机连接路由器使用_____线。

2. 如果要对交换机进行配置，使用_____线，交换机的管理方式有哪几种？

3. 交换机命令行配置中有多种模式，说说交换机各种模式的进入和退出命令。
（1）进入特权模式
（2）进入全局模式
（3）进入端口模式
（4）退出端口模式
（5）退出全局模式

4. 交换机是基于端口对 PC 进行管理的，如何修改交换机端口？

switch(config-if)#_____ //配置端口速率为100Mbps

switch(config-if)#_____ //配置端口的模式为半双工

switch(config-if)#_____ //开启该端口

5. 对一台交换机上的 PC 进行分组管理，可以采用 VLAN 划分技术，默认出厂配置的交换机只有 VLAN _____，即所有的 PC 都同属在该 VLAN，通过查阅资料，写出下列命令的解释：

Switch(config)#vlan 200 //

Switch(config-vlan)# name caiwu //

Switch#show vlan //

Switch(config-if)#interface fastethernet f0/10 //

Switch(config-if)#switchport access vlan 200 //

Switch(config)#interface vlan 200

Switch(config-vlan)#ip address 10.10.10.10 255.255.255.0 //

Switch(config)#no vlan 200 //

6. 给交换机配置管理 IP 地址为 172.16.1.1/24。

Switch>enable

Switch#_____

Switch(config)# interface vlan 1

Switch(config-if)#_____

Switch(config-if)# no shutdown

验证测试：验证交换机管理 IP 地址已经配置和开启。

Switch#_____

7. 使用 telnet 技术远程交换机，以下是配置 telnet 的命令，通过查阅资料，写出下列命令的解释：

Switch(config)#enable secret level 1 0 100 //

Switch(config)#line vty 0 4 //

Switch(config-line)#password 100 //

Switch(config-line)#end //

验证测试：验证从 PC 机通过网线远程登录到交换机上后可以进入特权模式。

C:\>telnet _____// 从 PC 机登录到交换机上

S1>enable

8. 查看配置文件内容后，清除所用交换机的配置，恢复初始状态。请写出命令步骤。

Switch#_____ //查看保存在 FLASH 里的配置信息

Switch#_____ // 查看 RAM 里当前生效的配置

Switch#_____   //删除当前的配置

计划与实施

1. 通过观察老师的演示，自己利用配置线缆正确连接交换机，进入交换机的不同配置模式。请写出命令步骤。

switch>_____   //进入特权模式

switch#_____   //进入全局配置模式

switch(config)#_____   //进入 f0/1 接口配置模式

2. 对交换机分别进行命名为 S1、S2 及 S3。

switch(config)#_____   //将交换机标识名修改为 s1

3. 分别进入每台交换机中，查看交换机的版本信息，配置所有的端口速率为 100Mpbs，全双工。

switch#_____   //查看交换机的版本信息

switch(config-if)#_____   //配置端口速率为 100Mbps

switch(config-if)#_____   //配置端口的模式为全双工

switch(config-if)#_____   //开启该端口

4. 在任意一台交换机上选取 F0/3 端口并进行查看信息，最后保存以上配置。

switch#_____   //查看 F0/3 端口的配置信息

Switch#_____   //保存信息

5. 查看配置文件内容后，清除你小组所用交换机的配置，恢复初始状态。请写出命令步骤。

Switch#_____   //查看保存在 FLASH 里的配置信息

Switch#_____   //查看 RAM 里当前生效的配置

Switch#_____   //删除当前的配置

6. 根据本学习活动的要求实现交换机的 VLAN 划分，请按照《网络规划方案》中 VLAN 的划分进行配置。

评价与反馈

1. 实施情况，参见表 7.1。

表 7.1　实施情况表

项　　目	自我评价	小组评价	教师评价
安装网络工作环境			
配置二层交换机的 VLAN 地址			
配置三层交换机的 VALN 地址			

2. 工作能力与表现，参见表7.2。

表 7.2　工作能力与表现

姓名		主要工作：				
评价项目	是否服从安排	与他人配合情况	担任角色	工作表现	工作态度	工作效率
自我评价						
小组评价						
其他表现						

3. 项目实施过程中遇到的问题和未解决的问题。

_____

4. 心得体会（经验与教训及其他）。

_____

_____

_____

二、交换机端口汇聚配置

1. 图7.1 中交换机之间使用单线连接，这样的连接会有什么潜在的安全威胁？

如果将图7.1 改成如图7.2 所示，该网络有什么优点？

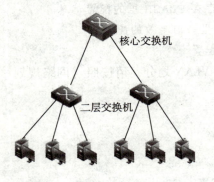

图7.1　交换机单线连接

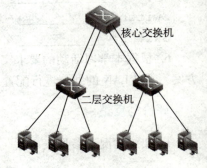

图7.2　交换机 XX 连接

小贴士：端口汇聚

端口聚合是将交换机上的多条线路捆绑成一个组，相当于逻辑链路，组中活动的物理链路同时提供数据转发，可以提高链路带宽。当组中有物理链路断掉后，那么流量将被转移到剩下的活动链路中去，只要组中还有活动链路，用户的流量就不会中断。

2. 如何将两台交换机的 F0/1 – 2 配置成聚合端口，请查阅资料将命令写到以下空白处。

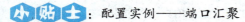 ：配置实例——端口汇聚

◆【背景描述】
➢ 假设企业采用两台交换机组成一个局域网，由于很多数据流量是跨过交换机进行转发的，为了提高带宽，你在两台交换机之间连接了两条网线，希望能够提高链路带宽，提供冗余链路。

◆【实验设备】
➢ S2126G（2 台），PC（2 台）、直连线（4 条）

◆【实验内容】
1. 根据拓扑将主机和交换机进行连接（未形成环路）；
2. 测试主机之间可以相互 ping 通；
3. 配置端口聚合；
4. 测试（形成环路）；
5. 测试（断开任一链路）。

◆【实验拓扑】
拓扑图见图 7.3。

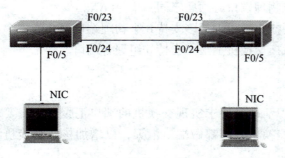

图 7.3

按拓扑图连接网络时，两台交换机都配置完端口聚合后，再将两台交换机连接起来，如果先连线会造成广播风暴，影响交换机工作。

◆ 步骤 1：交换机 A 的基本配置
switchA（config）#Vlan 10

```
switchA(config-vlan)#Name sales
switchA(config-vlan)#Exit
switchA(config)#Interface fastethernet 0/5
switchA(config-if)#Switchport access vlan 10
```
验证：验证已创建了 Vlan10，并将 0/5 端口划分到了 Vlan10 中。
```
switchA#Show vlan id 10
```
◆ 步骤 2：在交换机 SwitchA 上配置聚合端口
```
switchA(config)#interface aggregateport 1
switchA(config-if)#Switchport mode trunk
switchA(config-if)#Exit
switchA(config)#Interface range fastethernet 0/23-24
switchA(config-if)#Port-group1
```
验证：验证接口 fastethernet 0/23 和 0/24 属于 AG1
```
switchA#Show aggregateport 1 summary
```
◆ 步骤 3：交换机 B 的基本配置
同交换机 A 的配置步骤
◆ 步骤 4：验证当交换机之间的一条链路断开时，PC1 与 PC2 仍能互相通信。
```
C:\>ping 192.168.10.30 -t
```
注意事项：
1. 只有同类型端口才能聚合为一个 AG 端口。
2. 所有物理端口必须属于同一个 VLAN。
3. 在锐捷交换机上最多支持 8 个物理端口聚合为一个 AG。
4. 在锐捷交换机上最多支持 6 组聚合端口。

计划与实施

根据本学习活动的要求实现交换机的端口汇聚配置，要求在核心交换机与两台接入层交换机之间都做端口汇聚，以增加核心交换机与接入层交换机之间的传输带宽。

评价与反馈

请各小组同学展示本组端口汇聚的配置，描述你们是使用什么类型的网线连接交换机并配置端口的，配置端口汇聚时需要注意什么事项。

学习活动评价表

学习活动名称：_____

1. 实施情况，参见表 7.3。

表 7.3　实施情况表

项　　目	自我评价	小组评价	教师评价
安装网络工作环境			
配置交换机端口汇聚			

2. 工作能力与表现，参见表 7.4。

表 7.4　工作能力与表现表

姓名		主要工作：				
评价项目	是否服从安排	与他人配合情况	担任角色	工作表现	工作态度	工作效率
自我评价						
小组评价						
其他表现						

三、快速生成树配置

1. 实际网络应用中，如果网络中存在多台交换机连接时，管理员通常会将交换机两两进行连接，以减少网络故障的出现，当一条链路出现断路的情况时，另一条备份链路会在很短的时间内生效，使网络数据正常通信。但是这样的网络会存在很大的网络隐患，网络中出现环路的情况，如何解决数据环路的问题呢？

（1）生成树协议的作用

在由交换机构成的交换网络中通常设计有冗余链路和设备。这种设计的目的是防止一个点的失败导致整个网络功能的丢失。虽然冗余设计可能消除单点失败问题，但也导致了交换回路的产生，它会带来如下问题：

A. 广播风暴；

B. 同一帧的多份拷贝；

C. 不稳定的 MAC 地址表。

因此，在交换网络中必须有一个机制来阻止回路，而生成树协议（Spanning Tree Protocol）的作用正是在于此。

（2）生成树协议的工作原理

生成树协议的国际标准是 IEEE802.1d。运行生成树算法的网桥/交换机在规定的间隔内通过网桥协议数据单元（BPDU）的组播帧与其他交换机交换配置信息，其工作的过程如下：

1）通过比较网桥/交换机优先级选取根网桥/交换机（给定广播域内只有一个根网桥/交换机）；

2）其余的非根网桥/交换机只有一个通向根网桥/交换机的端口，称为根端口；

3）每个网段只有一个转发端口；

4）根网桥/交换机所有的连接端口均为转发端口。

比如说，现在有两台交换机，一台 DCRS－3926，一台是 DCRS－5526，用两根双绞线使两台交换机级联，连接三台计算机。在没有使用生成树的情况下，三台计算机相互不能通信，也不能上网，就是由于网络产生环路，使计算机不能通信也不能上网，而启动生成树协议以后，避免了环路的产生，三台计算机能够通信也能上网了。这就是生成树的好处之一，避免环路的产生与广播风暴。

网络拓扑图（图7.4）：

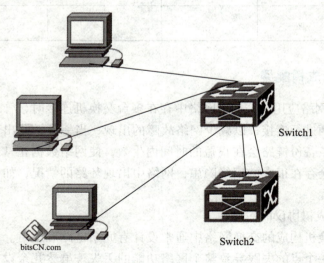

图7.4　网络拓扑图

2. 请同学们认真学习并动手配置以下快速生成树的配置实例（图7.5），然后回答后面的几个小问题。

配置实例：

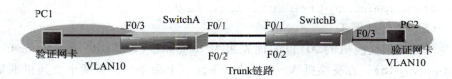

图 7.5　快速生成树拓扑

（1）实验前的准备

1）只连其中的一根主干链路，PC1 跟 PC2 互相 ping 一下。

2）然后开始进行下面的配置。

（2）实验步骤

1）交换机 A 的基本配置（包括给交换机起名字，创建 VLAN10，给 VLAN10 命名，把 F0/3 接口分配到 VLAN10 中，修改 F0/1、F0/2 的接口模式为 TRUNK，查看 VLAN 及接口的配置信息）；

2）在交换机 A 上配置生成树协议（开启生成树协议、指定生成树协议的类型为 RSTP；）

3）交换机 B 的基本配置（包括给交换机起名字，创建 VLAN10，给 VLAN10 命名，把 F0/3 接口分配到 VLAN10 中，修改 F0/1、F0/2 的接口模式为 TRUNK，查看 VLAN 及接口的配置信息）；

4）在交换机 B 上配置生成树协议（开启生成树协议、指定生成树协议的类型为 RSTP）。

（3）验证结果 1

把另外一条链路连上，在交换机 A、B 上执行下面三个命令，分析两个交换机谁是根交换机，谁是非根交换机；4 个端口各是什么角色（RP、AP、DP、BP）及它们处于什么状态（forwarding、discarding）；两条链路哪个是主链路，哪个是备份链路。

```
show spanning-tree
show spanning-tree interface fa 0/1
show spanning-tree interface fa 0/2
```

（4）验证结果 2

修改非根交换机的网桥优先级为 4096（switch（config）# spanning – tree priority 4096），在交换机 A、B 上执行下面三个命令，分析两个交换机谁是根交换机，谁是非根交换机；4 个端口各是什么角色（RP、AP、DP、BP）及它们处于什么状态（forwarding、discarding）；两条链路哪个是主链路，哪个是备份链路。

```
show spanning-tree
show spanning-tree interface fa 0/1
```

show spanning-tree interface fa 0/2

（5）验证结果 3

修改非根交换机的 AP 口的优先级为 16（sw1（config-if）#spanning-tree port-priority 16），在交换机 A、B 上执行下面三个命令，分析两个交换机谁是根交换机，谁是非根交换机；4 个端口各是什么角色（RP、AP、DP、BP）及它们处于什么状态（forwarding、discarding）；两条链路哪个是主链路，哪个是备份链路。

show spanning-tree
show spanning-tree interface fa 0/1
show spanning-tree interface fa 0/2

（6）验证结果 4

在 PC1 上执行 ping PC2 的验证网卡的 IP 地址 − t 拔掉主链路，观察一下看能否继续 ping 通，有没有丢包现象。在交换机 A、B 上执行下面三个命令。分析两个交换机谁是根交换机，谁是非根交换机；4 个端口各是什么角色（RP、AP、DP、BP）及它们处于什么状态（forwarding、discarding）；两条链路哪个是主链路，哪个是备份链路。

show spanning-tree
show spanning-tree interface fa 0/1
show spanning-tree interface fa 0/2

（7）问题：

（8）验证结果：

SwithcA 是：_____

SwithcA 的 fa 0/1 是：_____，状态：_____，

SwithcA 的 fa 0/2 是：_____，状态：_____，

SwithcB 是：_____

SwithcB 的 fa 0/1 是：_____，状态：_____，

SwithcB 的 fa 0/2 是：_____，状态：_____，

A 的 fa 0/1 ⟷ B 的 fa 0/1 是_____链路，

A 的 fa 0/2 ⟷ B 的 fa 0/2 是_____链路。

计划与实施：

1. 请参照上述配置实例，根据本学习活动的要求实现交换机的快速生成树配置，要求在核心交换机、两台汇聚层交换机两两之间都做快速生树配置，避免交换机之间因为冗余产生的环路。

2. 结合拓扑和 show spanning tree 命令检验交换机中的生成树协议的端口状态如何，了解数据包的走向。

1. 请各小组同学展示本组生成树协议的配置，简述你们是完成该实验配置的过程，在配置过程中遇到了哪些困难，你们是如何解决的。

2. 其他组的同学使用 show spanning tree 命令检验演示小组的交换机是否生效。

学习活动评价表

学习活动名称：_____
3. 实施情况，参见表 7.5。

表 7.5　实施情况表

项　　目	自我评价	小组评价	教师评价
安装网络工作环境			
配置交换机生成树协议			

4. 工作能力与表现，参见表 7.6。

表 7.6　工作能力与表现表

姓名		主要工作：				
评价项目	是否服从安排	与他人配合情况	担任角色	工作表现	工作态度	工作效率
自我评价						
小组评价						
其他表现						

四、路由器的配置

路由器的基本配置与交换机的基本相似，同学们在学习过程中可以借鉴前面学习交换机的方式学习路由器。

1. 我们知道，三层交换机也有路由转发功能，实现数据在内网外间的传输，是不是所有的网络中的路由器都可以用三层交换机替代呢？如果使用路由器，路由器在路由功能方面有什么优势？

2. 以下命令是路由器端口的相关配置，通过查阅资料，写出下列命令的解释。

(config)#Interface fastethernet 0/3 ⟺ _____

(config)#interface range fa 0/1-2 ⟺ _____

(config-if)#speed 10 ⟺ _____

(config-if)#duplex full ⟺ _____

(config-if)#no shutdown ⟺ _____

(config)# interface serial 1/2 ⟺ _____

(config-if)# ip address 1.1.1.1 255.255.255.0 ⟺ _____

(config-if)# clock rate 64000 ⟺ _____（单位为 K,仅用于 DCE 端）

(config-if)# bandwidth 512 ⟺ _____（单位为 KB）

小贴士：什么是路由?

工作在 OSI 参考模型第三层——网络层的数据包转发设备。路由器通过转发数据包来实现网络互连。虽然路由器可以支持多种协议（如 TCP/IP、IPX/SPX、AppleTalk 等协议），但是在我国绝大多数路由器运行 TCP/IP 协议。路由器通常连接两个或多个由 IP 子网或点到点协议标识的逻辑端口，至少拥有 1 个物理端口。路由器根据收到数据包中的网络层地址以及路由器内部维护的路由表决定输出端口以及下一跳地址，并且重写链路层数据包头实现转发数据包。路由器通过动态维护路由表来反映当前的网络拓扑，并通过网络上其他路由器交换路由和链路信息来维护路由表，参见图 7.6。

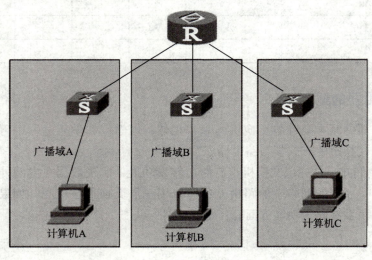

图7.6

3. 路由协议的种类分为_____和_____两大类，其中动态路由又包括_____、_____、_____等，其中_____和_____适用于中小型网络，_____适用于大型网络特别是跨区域的网络。

4. _____路由协议是以路数作为度量值的，经过一个路由器就是一跳，图7.7中，R1到R3总共经过了多少跳？

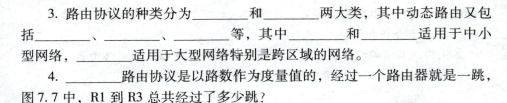

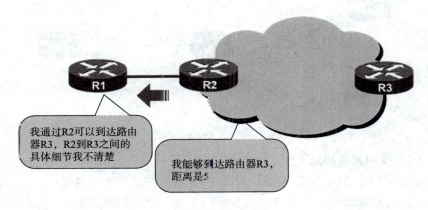

图 7.7

5. 以下是路由协议 RIPv2 的命令，通过查阅资料，写出下列命令的解释

(config)# ip route 172.16.1.0 255.255.255.0 172.16.2.1

⟺ _____

注：172.16.1.0 255.255.255.0 为目标网络的网络号及子网掩码。

172.16.2.1 为下一跳的地址，也可用接口表示，如 IP route 172.16.1.0 255.255.255.0 serial 1/2（172.16.2.0 所接的端口）。

(config)# router rip ⟺ _____

(config-router)# network 172.16.1.0 ⟺ _____

(config-router)# version 2 ⟺ _____可选

为 version 1（RIPV1）、version 2（RIPV2）

(config-router)# no auto-summary ⟺ _____

（只有在 RIPV2 支持）

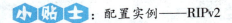：配置实例——RIPv2

RIPv2 配置实例

（1）用户需求

某企业总部计划和它的 2 个分公司联网。计划采用 2 条数字链路连接总部和分公司，并要求总部和分公司的 IP 网络段不能相同，并且划分广播域隔离广播；不采用三层交换设备；两个分公司联网后能够互相访问；总部和分公司联网后路由器能够自动学习。

（2）方案分析与解决

不采用三层交换技术，但要求采用数字链路，可以考虑用路由器。

（3）网络拓扑（参见图7.8）

图7.8 RIPv2 实验拓扑

（4）规划网络地址

PC1：192.168.3.2　255.255.255.0　192.168.3.1

PC2：192.168.3.3　255.255.255.0　192.168.3.1

PC3：192.168.4.2　255.255.255.0　192.168.4.1

PC4：192.168.5.2　255.255.255.0　192.168.5.1

总部路由器 A：F0/0：192.168.3.1　255.255.255.0

　　　　　　　S1/0：192.168.1.1　255.255.255.0

　　　　　　　S1/1：192.168.2.1　255.255.255.0

分公司路由器 B：F0/0：192.168.4.1　255.255.255.0

　　　　　　　　S1/0：192.168.1.2　255.255.255.0

分公司路由器 C：F0/0：192.168.5.1　255.255.255.0

　　　　　　　　S1/1：192.168.2.2　255.255.255.0

（5）路由器配置

总部 A：

Router＞en

Router#conf t

Enter configuration commands,one per line.End with CNTL/Z.

Router(config)#hostname routerA

routerA(config)#int f0/0

routerA(config-if)#ip add 192.168.3.1 255.255.255.0

routerA(config-if)#no shutdown

%LINK-5-CHANGED：Interface FastEthernet0/0,changed state to up

```
%LINEPROTO-5-UPDOWN: Line protocol on Interface FastEther-
 net0/0,changed state to up
routerA(config-if)#int s1/0
routerA(config-if)#ip add 192.168.1.1 255.255.255.0
routerA(config-if)#clock rate 64000
routerA(config-if)#no shutdown

%LINK-5-CHANGED: Interface Serial1/0,changed state to down
routerA(config-if)#int s1/1
routerA(config-if)#ip add 192.168.2.1 255.255.255.0
routerA(config-if)#clock rate 64000
routerA(config-if)#no shutdown

%LINK-5-CHANGED: Interface Serial1/1,changed state to down
routerA(config-if)#exit
routerA(config)#router rip
routerA(config-router)#version 2
routerA(config-router)#network 192.168.3.0
routerA(config-router)#network 192.168.1.0
routerA(config-router)#network 192.168.2.0
routerA(config-router)#end
routerA#
%SYS-5-CONFIG_I: Configured from console by console
routerA#wr
Building configuration...
[OK]
routerA#
routerA#show ip route
Codes:C-connected,S-static,I-IGRP,R-RIP,M-mobile,B-BGP
       D-EIGRP,EX-EIGRP external,O-OSPF,IA-OSPF inter area
       N1-OSPF NSSA external type 1,N2-OSPF NSSA external type 2
       E1-OSPF external type 1,E2-OSPF external type 2,E-EGP
       i-IS-IS,L1-IS-IS level-1,L2-IS-IS level-2,ia-IS-IS in-
          ter area
       * -candidate default,U-per-user static route,o-ODR
       P-periodic downloaded static route
```

Gateway of last resort is not set

C   192.168.1.0/24 is directly connected,Serial1/0
C   192.168.2.0/24 is directly connected,Serial1/1
C   192.168.3.0/24 is directly connected,FastEthernet0/0
R   192.168.4.0/24 [120/1] via 192.168.1.2,00:00:00,Serial1/0
R   192.168.5.0/24 [120/1] via 192.168.2.2,00:00:10,Serial1/1
routerA#

分公司 B：
Router>en
Router#conf t
Enter configuration commands,one per line.End with CNTL/Z.
Router(config)#hostname routerB
routerB(config)#int f0/0
routerB(config-if)#ip add 192.168.4.1 255.255.255.0
routerB(config-if)#no shutdown

%LINK-5-CHANGED: Interface FastEthernet0/0,changed state
  to up
%LINEPROTO-5-UPDOWN: Line protocol on Interface FastEther-
  net0/0,changed state to up
routerB(config-if)#int s1/0
routerB(config-if)#ip add 192.168.1.2 255.255.255.0
routerB(config-if)#clock rate 64000
routerB(config-if)#no shutdown

%LINK-5-CHANGED: Interface Serial1/0,changed state to up
routerB(config-if)#exit
%LINEPROTO-5-UPDOWN: Line protocol on Interface Serial1/0,
  changed state to up
routerB(config)#router rip
routerB(config-router)#version 2
routerB(config-router)#network 192.168.4.0
routerB(config-router)#network 192.168.1.0
routerB(config-router)#end

```
routerB#
%SYS-5-CONFIG_I: Configured from console by console
routerB#wr
Building configuration...
[OK]
routerB#
routerB#show ip route
Codes:C-connected,S-static,I-IGRP,R-RIP,M-mobile,B-BGP
       D-EIGRP,EX-EIGRP external,O-OSPF,IA-OSPF inter area
       N1-OSPF NSSA external type 1,N2-OSPF NSSA external
       type 2
       E1-OSPF external type 1,E2-OSPF external type 2,E-EGP
       i-IS-IS,L1-IS-IS level-1,L2-IS-IS level-2,ia-IS-IS in-
       ter area
       * -candidate default,U-per-user static route,o-ODR
       P-periodic downloaded static route

Gateway of last resort is not set

C  192.168.1.0/24 is directly connected,Serial1/0
R  192.168.2.0/24 [120/1] via 192.168.1.1,00:00:18,Serial1/0
R  192.168.3.0/24 [120/1] via 192.168.1.1,00:00:18,Serial1/0
C  192.168.4.0/24 is directly connected,FastEthernet0/0
R  192.168.5.0/24 [120/2] via 192.168.1.1,00:00:18,Serial1/0
routerB#
```

分公司 C：

```
Router>en
Router#conf t
Enter configuration commands,one per line.End with CNTL/Z.
Router(config)#hostname routerC
routerC(config)#int f0/0
routerC(config-if)#ip add 192.168.5.1 255.255.255.0
routerC(config-if)#no shutdown

%LINK-5-CHANGED:Interface FastEthernet0/0,changed state
```

```
  to up
%LINEPROTO-5-UPDOWN: Line protocol on Interface FastEther-
  net0/0,changed state to up
routerC(config-if)#int s1/1
routerC(config-if)#ip add 192.168.2.2 255.255.255.0
routerC(config-if)#clock rate 64000
routerC(config-if)#no shutdown

%LINK-5-CHANGED: Interface Serial1/1,changed state to up
routerC(config-if)#exit
routerC(config)#router rip
routerC(config-router)#version 2
routerC(config-router)#network 192.168.5.0
routerC(config-router)#network 192.168.2.0
routerC(config-router)#end
routerC#
%SYS-5-CONFIG_I: Configured from console by console
routerC#wr
Building configuration...
[OK]
routerC#
routerC#show ip route
Codes:C-connected,S-static,I-IGRP,R-RIP,M-mobile,B-BGP
      D-EIGRP,EX-EIGRP external,O-OSPF,IA-OSPF inter area
      N1-OSPF NSSA external type 1,N2-OSPF NSSA external
      type 2
      E1-OSPF external type 1,E2-OSPF external type 2,
      E-EGP
      i-IS-IS,L1-IS-IS level-1,L2-IS-IS level-2,ia-IS-IS in-
      ter area
      * -candidate default,U-per-user static route,o-ODR
      P-periodic downloaded static route

Gateway of last resort is not set

R  192.168.1.0/24 [120/1] via 192.168.2.1,00:00:17,Serial1/1
```

```
C  192.168.2.0/24 is directly connected,Serial1/1
R  192.168.3.0/24 [120/1] via 192.168.2.1,00:00:17,Serial1/1
R  192.168.4.0/24 [120/2] via 192.168.2.1,00:00:17,Serial1/1
C  192.168.5.0/24 is directly connected,FastEthernet0/0
routerC#
```

（6）拓展知识

如果用 PC 终端连接到路由器上，要连路由器的 Console 口，连 PC 的 RS 232 接口。路由器的 Console 口，参见图 7.9。

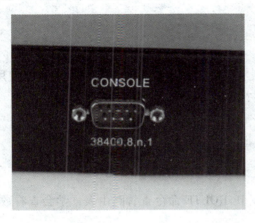

图 7.9　console 口示意图

RS 232 接口，参见图 7.10。

RS232 接口是 1970 年由美国电子工业协会（EIA）联合贝尔系统、调制解调器厂家及计算机终端生产厂家共同制定的用于串行通讯的标准。它的全名是"数据终端设备（DTE）和数据通讯设备（DCE）之间串行二进制数据交换接口技术标准"。

图 7.10　RS232 口示意图

该标准规定采用一个 25 个脚的 DB25 连接器，对连接器的每个引脚的信号内容加以规定，还对各种信号的电平加以规定。随着设备的不断改进，出现了代替 DB25 的 DB9 接口，现在都把 RS232 接口叫做 DB9。

计划与实施

1. 根据本学习活动的要求熟悉路由器的基本配置，选择 RIPv2 路由协议作为路由器和核心交换机的路由协议，实现全网互通。

2. 在本节配置实验中，你们宣告了哪些网段地址？使用什么命令可以很好地展现路由条目？

3. 使用 SHOW IP ROUTE 命令查看路由表，学会查看数据包的走向。

评价与反馈

1. 请各小组同学展示本组路由协议 RIPv2 的配置，简述你们完成该实验配置的过程。

2. 在配置过程中遇到了哪些困难？你们是如何解决的？

3. 其他组的同学使用 ping 、tracert 命令检验演示小组的网络是否畅通。

4. 实施情况，参见表7.7。

表7.7 实施情况表

项 目	自我评价	小组评价	教师评价
能熟悉配置路由器的基本配置命令，如进入、打开、关闭接口，为接口设置 IP、时钟频率等			
能在路由器与核心交换机之间配置 RIPv2 路由协议，使全网通信，即各部门能够 ping 通			

5. 工作能力与表现，参见表7.8。

表7.8 工作能力与表现

姓名：		主要工作：				
评价项目	是否服从安排	与他人配合情况	担任角色	工作表现	工作态度	工作效率
自我评价						
小组评价						
其他表现						

五、访问控制列表的配置（IP ACL）

1. 不同部门有不同的业务要求及权限，针对各部门需求进行安全设置。某部门要求只能使用 WWW 这个功能，就可以通过_____实现；又例如，为了某部门的保密性，不允许其访问外网，也不允许外网访问它，也可以通过_____实现。

小贴士：ACL 的作用

访问控制列表（简称 ACL）是应用在路由器接口的指令列表，这些指令列表用来告诉路由器哪些数据包可以接收、哪些数据包需要拒绝。至于数据包是被接收还是被拒绝，可以由类似于源地址、目的地址、端口号、协议等特定指示条件来决定。通过灵活地增加访问控制列表，ACL 可以当作一种网络控制的有力工具，用来过滤流入和流出路由器接口的数据包。

建立访问控制列表后，可以限制网络流量，提高网络性能，对通信流量起到控制的手段，这也是对网络访问的基本安全手段。在路由器的接口上配置访问控制列表后，可以对入站接口、出站接口及通过路由器中继的数据包进行安全检测。

2. ACL 协议可以运用于哪些网络设备？

3. ACL 有多少种分类？它们的命令格式及使用范围有哪些区别？

小 贴 士：ACL 编号

路由器使用编号标记列表号：编号 1 ~ 99、1300 ~ 1999 为标准 ACL；编号 100 ~ 199、2000 ~ 2699 为扩展 ACL。

4. 以下是几种 ACL 的配置命令，请你通过查阅资料，写出它们的解释。

（1）标准 ACL（以源 IP 地址为匹配原则）

（config）# access-list 1 deny 172.16.1.0 0.0.0.255

⟺ _____

（config）#access-list 1 permit 172.16.2.0 0.0.0.255 ⟺

_____

（config）#interface fastethernet 0/1 ⟺ _____

_____

（config-if）# ip access-group 1 out ⟺ _____

_____ 可选：in（在入栈方向上应用）、out（在出栈方向上应用）。

小 贴 士：in 和 out 的使用

入栈（in）或出栈（out）都是以路由器或交换机为基准，进入路由器为入栈，离开路由器为出栈。

（2）扩展 ACL（以"源 IP 地址 + 端口号"为匹配原则）

（config）#access-list 101 deny tcp 172.16.10.0 0.0.0.255

172.16.20.0 0.0.0.255 eq ftp

注：deny：拒绝通过，可选：deny（拒绝通过）、permit（允许通过）。

tcp：IP 协议编号，可以是 eigrp，gre，icmp，igmp，igrp，ip，ipinip，nos，ospf，pim，tcp，udp 中的一个，也可以是代表 IP 协议的 0-255 编号。一些重要协议如 icmp/tcp/udp 等单独列出进行说明。

172.16.10.0 0.0.0.255：源地址及源地址通配符（反掩码）。

172.16.20.0 0.0.0.255：目的地址及目的地址通配符（反掩码）。

eq：操作符（lt-小于，eq-等于，gt-大于，neg-不等于，range-包含）。

ftp：端口号，可使用名称或具体编号。

(config) # access-list 101 permit ip any any ⟺ _____ ;any 为任何

(config)#interface fastethernet 0/1 ⟺ _____

(config-if)#ip access-group 101 in ⟺ _____
_____ ;可选:in（入栈）、out（出栈）

(config-if)#end 返回

注：配置 ACL 时，若只想对其中部分 IP 进行限制访问时，必须配置允许其他 IP 流量通过。否则，设备只会对限制 IP 进行处理，不会对非限制 IP 进行允许通过处理。

（3）时间 ACL

router(config)#time-range ping ⟺ _____
_____

router(config-time-range)#periodic weekdays 6:00 to 18:00 ⟺ _____

router(config)#access-list 150 deny icmp host 10.1.1.2 any eq 23 time-range ping ⟺ _____

router(config)#access-list 150 permit ip any any ⟺ _____

小贴士：时间 ACL 的使用

一个很通常的需求，就是在某个公司里，有时希望限制员工在某个时间范围内才可以访问网页，即 HTTP 服务或其他服务，在时间范围之外，就不能访问。那么这样的需求，就可以通过配置基于时间的 ACL 来实现。

要通过 ACL 来限制用户在规定的时间范围内访问特定的服务，首先设备上必须配置好正确的时间。在相应的时间要允许相应的服务，这样的命令，在配置 ACL 时，是正常配置的，但是，如果就将命令正常配置之后，默认是在所有时间内允许的，要做到在相应时间内允许，还必须为该命令加上一个时间限制，这样就使得这条 ACL 命令只在此时间范围内才能生效。而要配置这样的时间范围，是通过配置 time-range 来实现的。在 time-range 中定义好时间，再将此 time-range 跟在某 ACL 的条目之后，那么此条目就在该时间范围内起作用，其他时间是不起作用的。

在定义 time-range 时，常用的时间简单分为两种，第一种叫做绝对时间（absolute），即这个时间只生效一次，比如 2010 年 1 月 1 日 15：00。另一种时间叫做周期时间（periodic），即这个时间是会多次重复的，比如每周一，或者每周一到周五。

前提：在 R1 路由器上需要提前配置好正确的时间，此步骤省略。

配置（参见图 7.11）。

图 7.11　配置进间 ACL 拓扑结构图

1. 配置 time-range

r1(config)#time-range TELNET

r1(config-time-range)#periodic weekdays 9:00 to 15:00

说明：定义的时间范围为每周一到周五的 9：00 至 15：00。

2. 配置 ACL

说明：配置 R1 在上面的时间范围内拒绝 R2 到 R4 的 telnet，其他流量全部通过。

r1(config)#access-list 150 deny tcp host10.1.1.2 any eq 23 time-range TELNET

r1(config)#access-list 150 permit ip any any

3. 应用 ACL

r1(config)#int f0/0

r1(config-if)#ip access-group150 in

4. 测试时间范围内的流量情况

（1）查看当前 R1 的时间

r1#sh clock

14:34:33.002 GMT Thu Oct 1 2009

```
r1#
```

说明：当前时间为周四14：34，即在所配置的时间范围内。

（2）测试 R2 向 R4 发起 telnet 会话

```
r2#telnet14.1.1.4
Trying14.1.1.4...
%Destination unreachable;gateway or host down
r2#
```

说明：可以看到在规定的时间范围内，R2 向 R4 发起 telnet 会话是被拒绝的。

（3）测试除 telnet 外的其他流量

```
r2#ping14.1.1.4
Type escape sequence to abort.
Sending 5,100-byte ICMP Echos to14.1.1.4,timeout is 2
seconds:
!!!!!
Success rate is 100 percent(5/5),round-trip min/avg/
max=1/2/4 ms
r2#
```

说明：可以看到在规定的时间范围内，除了 telnet 之外，其他流量不受限制。

（4）测试除 R2 之外的设备 telnet 情况

```
r3#telnet14.1.1.4
Trying14.1.1.4... Open
r4>
```

说明：可以看到，除 R2 之外，其他设备 telnet 并不受限制。

5. 测试时间范围外的流量情况

（1）查看当前 R1 的时间

```
r1#sh clock
15:01:15.206 GMT Thu Oct 1 2009
r1#
```

说明：当前时间为周四15：01，即在所配置的时间范围之外。

（2）测试 R2 向 R4 发起 telnet 会话

```
r2#telnet14.1.1.4
Trying14.1.1.4... Open
r4>
```

说明：在时间范围之外，所限制的流量被放开。

计划与实施

1. 在核心交换机配置扩展 ACL，要求：允许财务部门访问其他部门，禁止其他部门访问财务部；允许所有部门（即内网用户）访问 WEB 服务器、内网 FTP 服务器及 MySQL 数据库，禁止外网用户访问内网 FTP 服务器，写出配置命令。

2. 在路由器配置时间 ACL 限制内部网络在工作时间（08：00—12：00；15：00—18：00）访问 QQ 和 MSN，QQ 和 MSN 的端口为：TCP：8000 和 1863，写出配置命令。

评价与反馈

1. 请各小组同学展示本组 ACL 的配置，简述你们是完成该实验配置的过程。

2. 在配置过程中遇到了哪些困难？你们是如何解决的？

3. 其他组的同学使用 ping、tracert 命令检验演示小组的网络是否畅通。

4. 实施情况，参见表 7.9。

表7.9　实施情况表

项　目	自我评价	小组评价	教师评价
能在核心交换机上配置 ACL，限制部门间的访问			
能在路由器配置时间 ACL，限制内部用户的上网行为			

5. 工作能力与表现，参见表7.10。

表7.10　工作能力与表现

姓名		主要工作：				
评价项目	是否服从安排	与他人配合情况	担任角色	工作表现	工作态度	工作效率
自我评价						
小组评价						
其他表现						

六、地址转换的配置

1. 局域网用户连接互联网需要使用＿＿＿＿＿＿＿，这个技术一般配置于＿＿＿＿＿＿＿。

小贴士：地址转换的作用

地址转换（NAT）就是路由器将私有地址转换为公有地址使数据包能够发到因特网上，同时从因特网上接收数据包时，将公用地址转换为私有地址。在计算机网络中，网络地址转换（Network Address Translation 或简称 NAT，也叫做网络掩蔽或者IP掩蔽）是一种在IP数据包通过路由器或防火墙时重写源IP地址或/和目的IP地址的技术。

（1）源网络地址转换

源地址转换是基于源地址的地址转换，主要用于内网访问外网，减少公有地址的数目，隐藏内部地址。如 IP 地址为 192.168.1.2，192.168.1.3，192.168.1.4 的 3 台 PC 机，通过源地址转换后，共用 119.75.213.61 的公网IP地址和互联网连接。

（2）目的地址转换

目的地址转换可分为目标地址映射、目标端口映射、服务器负载均衡等。目的地址转换也称为反向地址转换或地址映射。目的地址转换是一种单向的针对目标地址的映射，主要用于内部服务器向外部提供服务的情况，它与静态地址转换的区别在于它是单向的。外部可以主动访问内部，内部却不可以主动访问外部。另外，可使用目的地址转换实现负载均衡的功能，即可以将一个目标地址转换为多个内部服务器地址。也可以通过端口的映射将不同的端口映射到不同的机器上。

如互联网上的 PC（218.92.1.2）通过访问互联网地址 119.75.213.61，经过路由器的目的地址转换，成为访问置于内网的服务器 192.168.1.100。

2. 地址转换有多种分类，请你说说它们分别是哪些类型及其各自的适用范围。

3. 以下是几种 NAT 的配置命令，请你通过查阅资料，写出它们的解释。

（1）静态 NAT：用于 IP 到 IP 的转换。

(config) # ip nat inside source static 192.168.1.1 10.10.10.1 ⟺ _____

(conifg) # interface fastethernet 0 ⟺ _____

(config-if) # ip nat inside ⟺ _____

(config) # interface serial 0 ⟺ _____

(config-if) # ip nat outside ⟺ _____

（2）动态 NAT：如果有多个已注册的公有 IP，则这些公有 IP 可以作为内部全局地址。内网的多个内部本地地址可以转换为前面的多个内部全局地址。公有 IP 地址一旦被使用，则被某个内部本地地址独占。所以，这种 NAT 主要用于掩盖内网的真实 IP 地址。通过这种 NAT，也可以使得内网的服务器可以对外提供服务。

(config) # ip nat pool poolname 202.16.1.1 202.16.1.10 netmask 255.255.255.0 ⟺ _____

(config) # access-list 1 permit 172.16.1.0 0.0.0.255 ⟺ _____

(config) # ip nat inside source list 1 pool poolname ⟺ _____

(conifg) # interface fastethernet 0 ⟺ _____

```
(config-if)# ip nat inside ⟺ _____
(config)# interface serial 0 ⟺ _____
(config-if)# ip nat outside ⟺ _____
```

小贴士：

1. 关键字 source 表明转换属于内部源地址转换，即当内部网络需要与外部网络通讯时，需要配置 NAT，将内部私有 IP 地址转换成全局唯一 IP 地址。即当内网访问列表中定义的内部主机（例如 172.16.1.100）要访问外网时，路由器将数据包的源地址转换成地址池上定义的 IP 地址（可能是202.16.1.1，也有可能是 202.16.1.10，看地址池内的哪个 IP 地址没有被占用）再发送出去。

2. 另有关键字 destination，属于目标地址转换，即将内部全局地址转换成内部本地地址，用于实现外网访问内网的服务器时对 IP 数据包中的目的 IP 地址实现转换。destination 的目的是用来实现 TCP 的流量的负载均衡。如：ip nat inside destination list 1 pool poolname，List 1 指的是待转换的内网的对外的全局可路由 IP 地址（也可以称为虚拟 IP 地址，通常只有一个，例如202.16.1.1），poolname 指的是转换后的内网的某一台服务器的可全局路由的 IP 地址（假设从 202.16.1.10 ~ 15）。那么，当外网 IP 访问内网的地址202.16.1.1 时，路由器将数据包的目标地址转换成内网地址 202.16.1.10 ~ 15的其中一个，再转发，以实现访问内网服务器的负载均衡功能。注意：在实现负载均衡的时候，内网的 IP 地址也必须是公有的、已注册、可全局路由的 IP 地址。如果内网的 IP 地址不是公有的、已注册的、全局可路由的，则需要再做一次动态 NAPT 转换，让内网的私有 IP 地址能够出外网。

计划与实施

根据本学习活动的在路由器配置 NAT（地址转换协议），将内网 IP 转换成公网 IP：202.108.221.4/28，让全部内网用户能够访问到互联网资源。请写出内网 IP 转换成公网 IP 的相关命令。

评价与反馈

1. 请各小组同学展示本组 NAT 的配置，简述你们完成该实验配置的过程。

2. 在配置过程中遇到了哪些困难，你们是如何解决的。

3. 其他组的同学使用 show ip nat 命令检验演示小组的地址转换是否成功。

4. 实施情况，参见表 7.11。

表 7.11　实施情况表

项　　目	自我评价	小组评价	教师评价
能够在路由器上配置 NAT，使内网地址转换成外网地址，连接到互联网			

5. 工作能力与表现，参见表 7.12。

表 7.12　工作能力与表现

姓名		主要工作：				
评价项目	是否服从安排	与他人配合情况	担任角色	工作表现	工作态度	工作效率
自我评价						
小组评价						
其他表现						

七、无线 AP 配置

1. 技术服务部 1 将大会议室，技术服务部 2 将产品展室和小会议室覆盖无线网络，使电脑无需使用网线就可以连接网络，那么需要部署_____，让这些地方覆盖无线信号。

2. 我们最好将连接有线网络的无线 AP 安置在离需要组建无线局域网的大楼附近，并且中间最好没有建筑物阻挡，相隔距离也不要超过_____；目前市场上的无线 AP 主要有基于_____、_____和_____三种协议下的产品。

3. 你都知道哪些品牌的无线 AP，写在表 7.13 中。

表 7.13　品牌无线 AP 表

品牌标志	CISCO	D-Link	NETGEAR	TP-LINK	ARUBA networks
企业名称					
品牌标志	Tenda	ASUS	Ruijie Networks	IP-COM	神州数码 Digital China
企业名称					

4. 无线 AP 的品牌及种类琳琅满目，如何选择一个适合的 AP，你觉得需要考虑的因素有哪些？无线 AP 中的哪些参数是比较重要的？参见表 7.14。

表 7.14　无线 AP 参数表

技术规格	某品牌 AP
射频	
频段	IEEE11b/g/n 2400～2483 MHz
RF 功率输出（EIRP）	802.11b/g26dBm 802.11n23dBm（max）
灵敏度	802.11b/g：－94dBm@6～12Mbps；－74dBm@54Mbps。 802.11n：－73dBm@150Mbps；－92@6.5Mbps。
调制方式	DSSS/OFDM
数据和工作参数	
自动速率选择	IEEE802.11b：1/2/5.5/11Mbps IEEE802.11g：6/9/12/18/24/36/48/54Mbps IEEE802.11n：HT20 6.5/13/19.5/26/39/52/58.5/65/78/104/117/130/150Mbps IEEE802.11n：HT40 13.5/27/40.5/54/81/108/121.5/135/162/216/243/270/300Mbps
数据链路自动复位	支持
标准	IEEE 802.11b/g/n；IEEE802.3d；IEEE802.3u；IEEE802.11h

技术规格	某品牌 AP
管理	
工作模式	AP/AP WDS/Station/Station WDS/Repeater WDS
设备复位	软件实现，无需打开机壳
站点及使用信道侦测	支持
接收电平显示	支持
安全性	
MAC 地址控制	支持
WEP 加密	WEP/WAP/WPA2
802.1x	支持
硬件	
CPU	680MHz
SDRAM	64M
LAN/WAN	RJ – 45/N – K * 2
电源/POE	POE 供电 DC 24V/2A AC adapter AC 90V ~ 264V 数据口 6000V 防雷
环境和物理性能	
工作温度	– 30℃ ~70℃
储存温度	– 45℃ ~90℃
湿度（非浓缩）	≤95%（非凝结）

计划与实施：

1. 本节实验中需要购买_____个无线 AP，你们选择的是_____品牌的无线 AP，该品牌的具体参数如何？请填写表 7.15。

表 7.15　无线 AP 表

技术规格	
射频	
频段	
RF 功率输出（EIRP）	
灵敏度	
调制方式	

技术规格	
数据和工作参数	
自动速率选择	
数据链路自动复位	
标准	
管理	
工作模式	
设备复位	
站点及使用信道侦测	
接收电平显示	
安全性	
MAC 地址控制	
WEP 加密	
802.1x	
硬件	
CPU	
SDRAM	
LAN/WAN	
电源/POE	
环境和物理性能	
工作温度	
储存温度	
湿度（非浓缩）	

2. 根据无线 AP 的安装说明，搭建无线 AP，使技术服务部 1、大会议室、技术服务部 2、产品展室和小会议室覆盖无线网络。（具体 IP 地址可根据实际

情况作调整）

步骤1：首先需到用户门店咨询信息部 WLAN 的安装情况和设置信息，主要是咨询无线网络的名称及密码，并且本机通过 AP 联网可_____通用户网关。

步骤2：修改本机 IP 地址：将本机 IP 地址网段更改为 192. 168. 1. XXX 段。

步骤3：进入 AP 设置：在 IE 浏览器地址栏中输入_____地址（例如：http：//192. 168. 1. 220），AP 的默认地址为 192. 168. 1. 220。输入用户名密码，默认用户名密码均是 admin。

步骤4：修改 AP 工作模式（图 7. 12）：单击顶部选项卡_____（即 Client，客户端模式）。

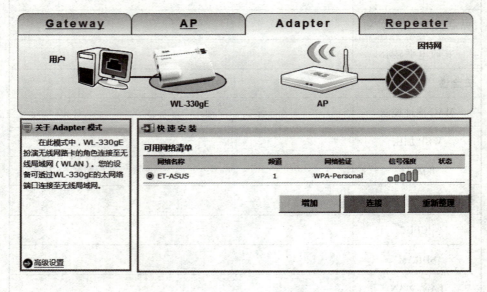

图 7. 12　修改 AP 工作模式

步骤5：连接无线网络：找到用户对应的无线网络，单击"_____"，在弹出的对话框中输入密码，再弹出的对话框单击确定即可，连接成功状态处会显示勾选，参见图 7. 13。

可用网络清单

网络名称	频道	网络验证	信号强度	状态
⊙ ET-ASUS	1	WPA-Personal	▢▢▢▢▢	✓

图 7. 13　连接无线网络

步骤6：设置IP地址：单击左下角"＿＿＿＿＿＿"进入高级设置页面，参见图7.14。

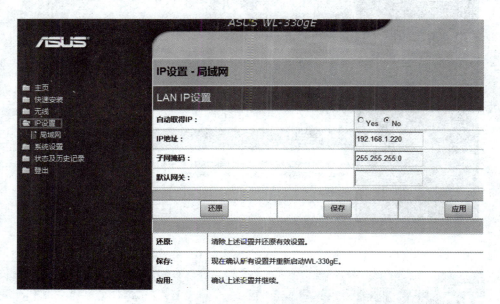

图7.14　设置IP地址

步骤7：单击左侧"＿＿＿＿＿＿"，修改IP地址，例如：IP地址：192.168.5.50，掩码：255.255.255.0，网关：可填可不填。单击保存后会重启AP。

注：为不浪费用户的局域网IP地址资源，AP的IP地址可与电子秤IP处于不同网段，例如：假如永辉的秤网络设置是从10.10.5.50开始，则AP的IP地址可以设置成192.168.5.50开始，保持后两段相同，以便以后维护。

步骤8：导出配置文件：再次修改AP的IP地址网段和AP相同。在IE地址栏输入AP的新IP地址，输入用户名密码：admin，单击左下角的"＿＿＿＿＿＿＿"，进入高级设置页面。单击左侧的"＿＿＿＿＿＿＿"，再单击"＿＿＿＿＿＿＿"，右键单击红框处的HERE，目标另存为，下载配置文件，参见图7.15。

修改文件名方便以后使用，例如：DIGI_ AP_ setting.cfg单击保存，配置文件导出完成，参见图7.16。

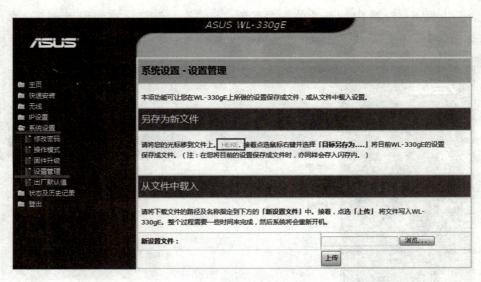

图 7. 15

图 7. 16　导出配置文件

步骤 9：第一台设置好后，其他秤设置只需导入刚才导出的配置文件，然后修改 IP 地址即可。不再重复介绍，参见图 7. 17。（注：新的 AP 设置时本机 IP 地址需先改成 192. 168. 1. X 段）

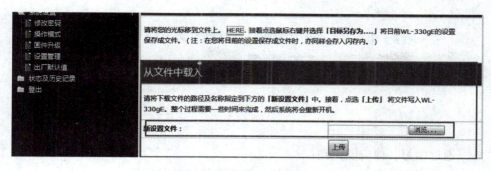

图 7.17

注：安装 AP 时，AP 的 IP 地址需与网络规划方案的 IP 地址一一对应，例如网络规划方案的 IP 地址是 10. 10. 5. 50，则 AP 的地址用 192. 168. 5. 50，以便故障排除及维护。

评价与反馈

1. 实施情况，参见表 7. 16。

表 7. 16   实施情况表

项　　目	自我评价	小组评价	教师评价
选择适合本节任务的无线 AP			
掌握无线 AP 的正确配置，使技术服务部 1、大会议室、技术服务部 2、产品展室和小会议室覆盖无线网络			

2. 工作能力与表现，参见表 7. 17。

表 7. 17   工作能力与表现

姓名		主要工作：					
评价项目	是否服从安排	与他人配合情况	担任角色	工作表现	工作态度	工作效率
自我评价						
小组评价						
其他表现						

学习活动 8 Windows Server 2003 环境架设 FTP 服务器

学习目标

通过学习，你应能做到：

1. 熟悉 Windows Server 2003 的 FTP 服务器安装与配置；
2. 掌握 Windows Server 2003 创建用户隔离的 FTP 站点；
3. 能够创建名为 FTP – intranet 的内网 FTP 站点。

建议学时

8 课时

学习准备

1. 一体化工作室、安装 Windows Server 2003 的计算机；
2. 参考书、视频光盘、互联网等相关学材；
3. 分成学习小组。

学习过程

 引导问题

1. 实现文件资源的共享是组建计算机网络的目的，你知道实现文件传输有哪些方式？

2. 你觉得搭建 FTP 需要准备什么样的环境？

3. FTP 服务器预先设置了两个端口，_____和_____，两个端口的作用分别是_____和_____。默认端口是_____。

4. 请仔细观察图8.1，图中显示的信息是什么？

图8.1 netstat 命令

5. 在 Windows 命令提示符下可使用 DOS 命令 netstat 手动开启 FTP 的 20 或 21 端口，命令是_____。

133

小贴士:

DOS 命令：

ftp>put c:\1.txt;上传文件

   or

   put c:*.doc

远程文件拷贝到本地操作：例如：拷到 D:

ftp>lcd d:\

ftp>get 1.txt

OK!

还有一种方法就是重复文件名。

ftp>get 1.txt d:\1.txt

6. IIS 全程为 Internet Information Service（Internet 信息服务），它的功能是提供信息服务，如架设 HTTP、FTP 服务器等，是 Windows NT 内核的系统自带的，不需要下载。IIS 除了提供 FTP 服务外还提供_____、_____、_____等服务。

小贴士: 如何搭建 FTP 服务器

（1）建立你的 FTP 站点

第一个 FTP 站点（即"默认 FTP 站点"）的设置方法和更多 FTP 站点的

建立方法请参照前文 Web 服务器中相关操作执行。需要注意的是，如果你要用一个 IP 地址对应多个不同的 FTP 服务器，则只能用使用不同的端口号的方法来实现，而不支持"主机头名"的做法。

对于已建立好的 FTP 服务器，在浏览器中访问将使用如"ftp：//192.168.0.1"或是"ftp：//192.168.0.1：22 的格式"；除了匿名访问用户（Anonymous）外，IIS 中的 FTP 将使用 Windows 2000 自带的用户库（可在"开始→程序→管理工具→计算机管理"中找到"用户"一项来进行用户库的管理）。最后，关键一步就是将你的电脑变为网络中的一台服务器，所以你要在你的电脑中装上一个合适的代理服务器软件并运行。

（2）本部分常见问题解答

1）如何修改 FTP 服务器登录成功或退出时的系统提示信息？

在相应的 FTP 站点上单击右键，选"属性"，再转到"消息"窗口，在"欢迎"处输入登录成功之后的欢迎信息，在"退出"处输入用户退出时的欢送信息即可。

2）为什么我的 FTP 服务器建立成功之后，除了管理员（Administrator）和匿名用户（Anonymous）之外，普通用户都不能在本机上登录，而在其他计算机上却能够正常使用。这是为什么？

因为默认的普通用户不具有在本机登录的权限。如果要修改，请进入"开始→程序→管理工具→本地安全策略"中选择"左边框架→本地策略→用户权利指派"，再在右边框架中双击"在本地登录"项，然后将所需的普通用户添加到它的列表中去就行了。

7. 为了方便大家使用，所建立的 FTP 站点不仅允许匿名用户访问，而且对主目录启用了"读取"和"写入"的权限。这样一来任何人都可以没有约束地任意读写，难免出现一团糟的情况。如果您使用 IIS 6.0，只需创建一个_____的 FTP 站点就可以有效解决此问题。

8. 安装好 FTP 服务器，如何访问 FTP 服务器？

小贴士：

假设 FTP 地址为"61.129.83.39"（大家试验的时候不要以这个 FTP 去试，应该将密码要改掉。）

（1）"开始"—"运行"—输入"FTP"进去 cmd 界面；

（2）open 61.129.83.39，如果你的 FTP 服务器不是用的 21 默认端口，假如端口是 9900，那么此步的命令应在后面空格加 9900，即为 open 61.129.83.39.9900；

（3）它会提示输入用户名 username；

（4）它会提示你输入密码：password。

9. 除了 Windows Server 2003 自带的 FTP 服务器外，目前有很多很好的 FTP 客户端软件，比较著名的有_____、_____、_____等。

计划与实施

请同学们参照引导问题中"如何搭建 FTP 服务器"的操作步骤，创建名为 FTP – intranet 的 FTP 站点，使用《网络规划方案》中分配的 IP 地址，每个部门创建以部门为名称的帐户，在 FTP 主目录下创建对应帐户的文件夹，要求帐户只能访问该帐户对应的文件夹中的内容。

1. 创建用户帐户

首先在 FTP 站点所在的 Windows Server 2003 服务器中为 FTP 用户创建了一些用户帐户，如：创建财务部门对应的帐户——"caiwu"，以便他们使用这些帐户登录 FTP 站点。操作步骤如下所述：

（1）在桌面上用鼠标右键单击"_____"，在弹出的快捷菜单中执行"_____"命令。

（2）打开"_____"窗口，在左窗格中展开"_____"目录。然后用鼠标右键单击所展开目录中的"_____"文件夹，在弹出的快捷菜单中执行"_____"命令，打开"_____"对话框。

（3）在相关编辑框中键入用户名（如"caiwu"）和密码，取消"用户下次登录时须更改密码"选项并勾选"用户不能更改密码"和"密码永不过期"两项，最后单击"创建"按钮（如图 8.2 所示）。

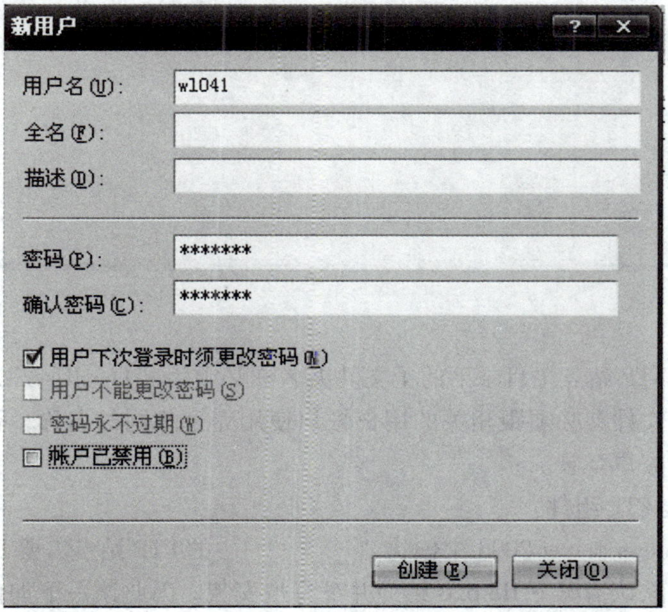

图 8.2　创建用户帐户

（4）这时会弹出下一个"新用户"对话框，根据需要添加若干个用户。创建完毕后单击"关闭"按钮即可。

2. 规划目录结构

创建了一些用户帐户后，开始了另一项关键性操作：规划文件夹结构（说白了就是创建一些文件夹）。

为什么说创建文件夹的操作很关键呢？这是因为创建"用户隔离"模式的 FTP 站点对文件夹的名称和结构有一定的要求。首先必须在 NTFS 分区中创建一个文件夹作为 FTP 站点的主目录（如"FTP – intranet"），然后在"FTP – intranet"文件夹下创建一个名为"LocalUser"的子文件夹，最后在"LocalUser"文件夹下创建若干个跟用户帐户一一对应的个人文件夹。

另外，如果想允许用户使用匿名方式登录"用户隔离"模式的 FTP 站点，则必须在"LocalUser"文件夹下面创建一个名为"Public"的文件夹。这样匿名用户登录以后即可进入"Public"文件夹中进行读写操作（如图 8.3 所示）。

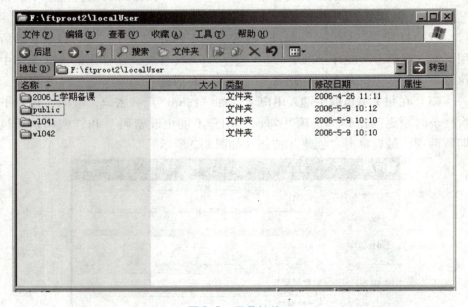

图 8.3　目录结构

提示：FTP 站点主目录下的子文件夹名称必须为"LocalUser"，且在其下创建的用户文件夹必须跟相关的用户帐户使用完全相同的名称，否则将无法使用该用户帐户登录。

3. 安装 FTP 组件

在 Windows Server 2003 中创建"＿＿＿＿＿＿"的 FTP 站点需要 IIS 6.0 的支持，但是在默认情况下 IIS 6.0 组件并没有被安装，因此谈一下如何手动安装 IIS 6.0 组件。

（1）在"_____"中双击"_____"图标，在打开的"_____"对话框中单击"_____"按钮，打开"_____"对话框。

（2）在"_____"列表中找到并双击"_____"复选框，在打开的"_____"对话框中双击"_____"选项，打开"Internet 信息服务（IIS）"对话框。在子组件列表中找到并勾选"_____服务"复选框，依次单击"确定/确定/下一步"按钮开始安装。最后单击"完成"按钮结束安装过程（如图 8.4 所示）。

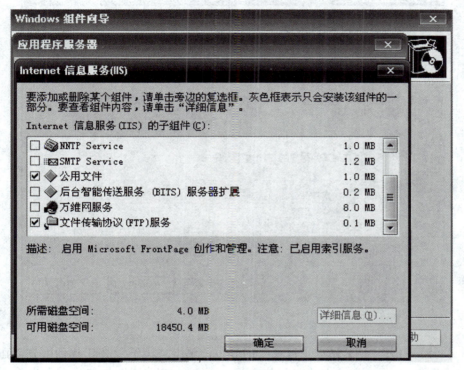

图 8.4　选取 FTP 服务组件

提示：在安装过程中需要插入 Windows Server 2003 的安装光盘或指定安装源文件。

4. 创建 FTP 站点

至此所有的准备工作都完成了，接下来是读者最为关心的核心环节：创建"用户隔离"模式的 FTP 站点。具体设置步骤如下所述：

（1）依次单击"_____"，打开"Internet 信息服务（IIS）管理器"窗口。在左窗格中用鼠标右键单击"_____"选项，在弹出的快捷菜单中执行"_____"命令，打开"FTP 站点创建向导"向导页，并单击"下一步"按钮。

（2）在打开的"FTP 站点描述"向导页中键入一行描述性语言（如

"FTP – intranet"），并单击"下一步"按钮。

（3）打开"IP 地址和端口设置"向导页，在"输入此 FTP 站点使用的 IP 地址"下拉菜单中选中一个用于访问该 FTP 站点的 IP 地址。端口保持默认的"_____"，单击"下一步"按钮。

（4）在打开的"FTP 用户隔离"向导页中点选"_____"单选框，并单击"下一步"按钮（如图 8.5 所示）。

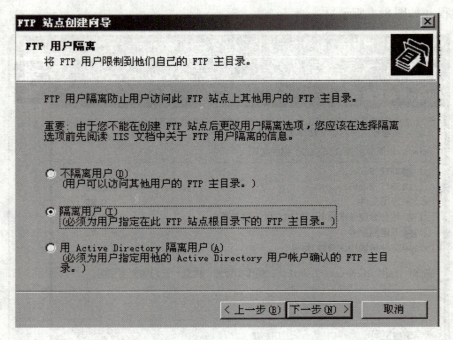

图 8.5 选择"用户隔离"模式

（5）打开"FTP 站点主目录"向导页，单击"浏览"按钮找到事先创建的"FTP – intranet"文件夹，并依次单击"确定/下一步"按钮。

（6）在打开的"FTP 站点访问权限"向导页中勾选"写入"复选框，然后依次单击"下一步/完成"按钮完成创建。

登录 FTP 站点

站点创建完成，以用户"caiwu"的身份成功登录，并在该目录中新建了一个文档。为了验证自己所建立的文档是否真在名为"caiwu"的文件夹中，打开 Windows Server 2003 服务器中"LocalUser"文件夹下的"caiwu"文件夹，在这里果然看到了刚刚建立的文档。毫无疑问，设置是成功的。

提示：用户登录分为两种情况：如果以匿名用户的身份登录，则登录成功以后只能在"Public"目录中进行读写操作；如果是以某一有效用户的身份登录，则该用户只能在属于自己的目录中进行读写操作，且无法看到其他用户的目录和"Public"目录。

评价与反馈

请各组同学分别展示本小组搭建好的 FTP 环境，请其他小组的同学作为用户部门利用不同权限的账号登录 FTP 服务器，以验证该小组的 FTP 配置是否满足本次任务的要求。

学习活动名称：＿＿＿＿＿＿＿＿＿＿＿＿＿＿

表8.1　学习活动评价表

评价项目	分值	评价内容及配分		自评	组评	教师评价
		评价内容	小项配分			
专业能力	50	1. 能够在 Windows server 2003 环境下安装 FTP 服务器	20			
		2. 能够正确创建 FTF－intranet 的站点，并且正常提供文件传输服务	20			
		3. 能够熟练使用 FTP 服务器，能够按照任务要求进行配置，创建隔离用户的 FTP 站点，为各个部门创建独立账号及文件夹	10			
		小计				
方法能力	25	1. 能自主地通过对教材、网络的学习与信息的查询	15			
		2. 能通过查阅资料，发现问题，并在老师的指导下解决问题	5			
		3. 小组讨论中能运用专业术语与其他成员讨论	5			
		小计				
社会能力	25	1. 遵守课堂纪律	5			
		2. 能认真观察他人的操作过程，并与之沟通	10			
		3. 能虚心接受他人意见，并及时改正	10			
		小计				
总分						

学习活动 9 Windows Server 2003 环境架设 DHCP 服务器

学习目标

通过学习，你应能做到：

1. 掌握 Windows Server 2003 的 DHCP 服务器安装与配置；
2. 熟悉 Windows Server 2003 的 DHCP 客户端的配置；
3. 能够通过 DHCP 服务器为内网计算机动态分配 IP 地址。

建议学时

8 课时

学习准备

1. 一体化工作室、安装 Windows Server 2003 的计算机；
2. 参考书、视频光盘、互联网等相关学材；
3. 分成学习小组。

学习过程

 引导问题

1. 分配 IP 地址的方法有两种，即 ＿＿＿＿＿＿＿＿ 和 ＿＿＿＿＿＿＿＿，DHCP 属于 ＿＿＿＿＿＿＿＿。
2. 使用 DHCP 动态分配地址的好处很多，你能说出其中的几个吗？

小贴士：

DHCP 是一个简化主机 IP 地址分配管理的 TCP/IP 标准协议。它能够动态地向网络中每台设备分配独一无二的 IP 地址，并提供安全、可靠且简单的 TCP/IP 网络配置，确保不发生地址冲突，帮助维护 IP 地址的使用。

要使用 DHCP 方式动态分配 IP 地址，整个网络必须至少有一台安装了 DHCP 服务的服务器。当 DHCP 客户机第一次启动时，它就会自动与 DHCP 服务器通信，并由 DHCP 服务器分配给 DHCP 客户机一个 IP 地址，直到租约到期（并非每次关机释放），这个地址就会由 DHCP 服务器收回，并将其提供给其他的 DHCP 客户机使用。

3. 搭建好 DHCP 后，如果想修改 IP 地址池的地址，可以修改吗？如何操作？

计划与实施

创建 DHCP 服务器，使用《网络规划方案》中分配的 IP 地址。

操作步骤：

服务器端：

1. 安装 DHCP 服务

（1）开始菜单——管理工具——管理您的服务器，参见图 9.1。

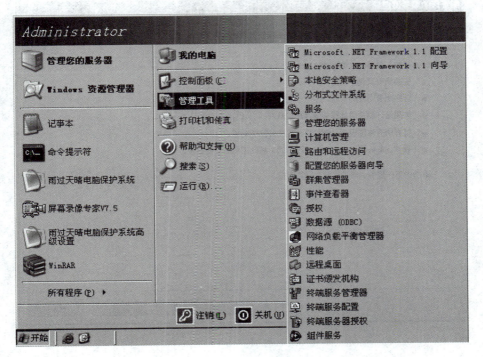

图 3.1　管理您的服务器

（2）在"管理您的服务器"窗口中单击"添加或删除角色"，参见图9.2。

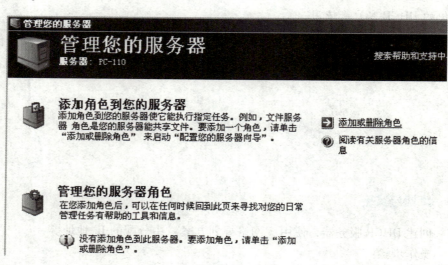

图9.2　添加或删除角色

（3）打开"配置您的服务器向导"，参见图9.3。

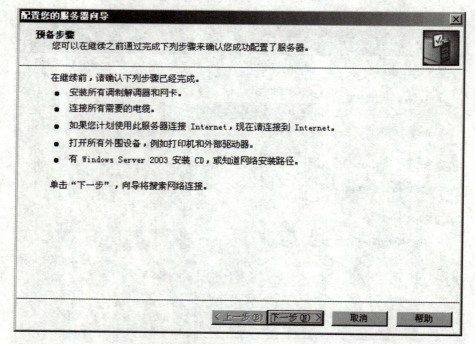

图9.3　配置您的服务器向导

（4）在"配置选项"处，选择＿＿＿＿＿＿＿＿＿＿，参见图9.4。

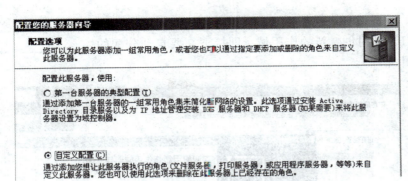

图9.4 配置选项

(5) 选择 "_____"，参见图9.5。

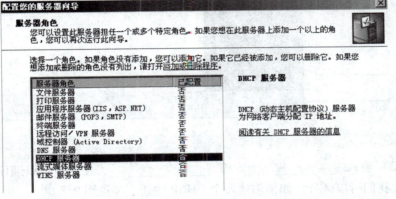

图9.5 服务器角色

(6) 完成向导，参见图9.6。

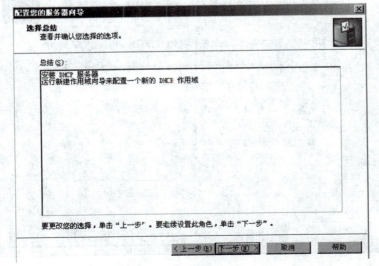

图9.6 选择总结

2. 配置 DHCP 服务

（1）此时创建新的作用域，即接下来要自动分配的＿＿＿＿＿＿＿＿＿＿，
参见图9.7。

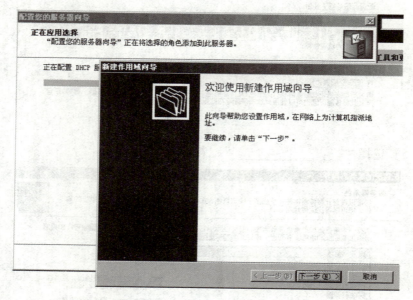

图9.7　新建作用域向导

（2）输入＿＿＿＿＿＿＿＿＿和＿＿＿＿＿＿＿＿＿，在这里可以随便输入。
只是让我们可以区分，如果创建多个 DHCP 的话，参见图9.8。

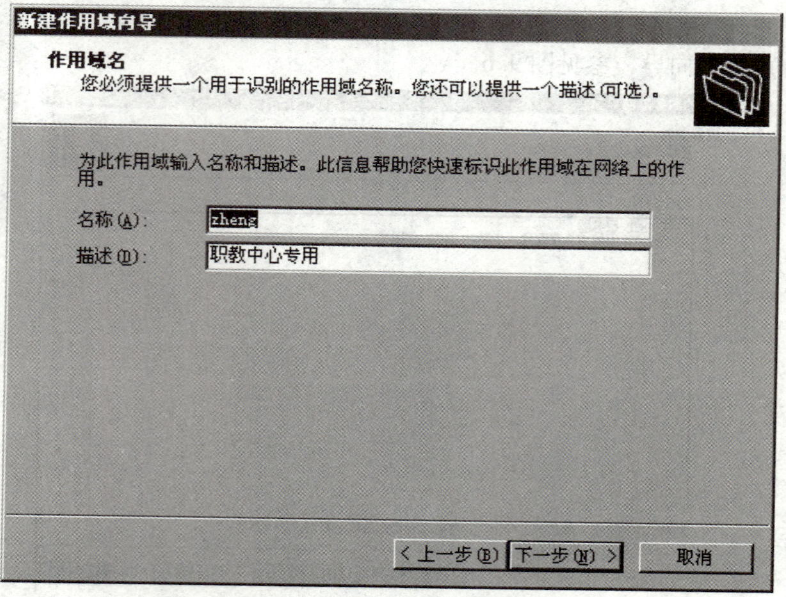

图9.8　作用域名

（3）输入自动分配的 IP 地址范围，在这里_____（规划方案中设置的 IP 范围）网络所有可用 IP，在接下来的配置当中，至少要将服务器的 IP 排除在外，且服务器的 IP 地址一定要是规划方案中设置的 IP 范围网络的，参见图9.9。

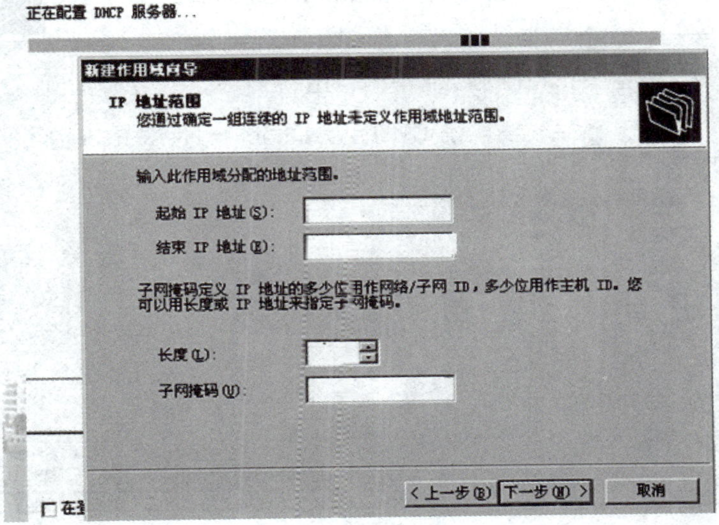

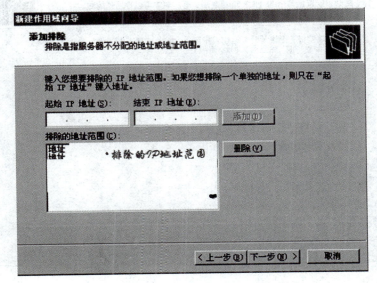

图9.9

（4）注意将服务器的 IP 地址排除在外，同时也排除了其他的一些 IP。当然，这些被排除的 IP 地址只是不自动分配下去，但可以手动在客户端设置，参见图9.10。

图9.10　添加排除

（5）设置租约，也就是分配下去的 IP 地址隔上多久，重新分配一次，参见图 9.11。

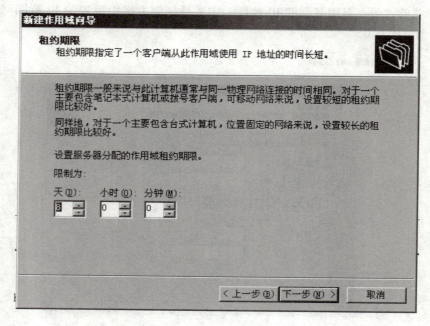

图 9.11　租约期限

（6）接下来还有一些配置，较少用到。在这里我们配置一下，参见图 9.12。

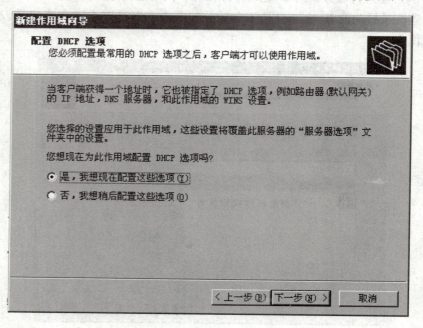

图 9.12　配置 DHCP 选项

（7）在这里设置网关为_____（规划方案中设置的 IP 范围中的某一 IP），网关顾名思义就是网络的关卡，当我们有两个不同的网络需要通信时，就需要用到网关了，参见图 9.13。

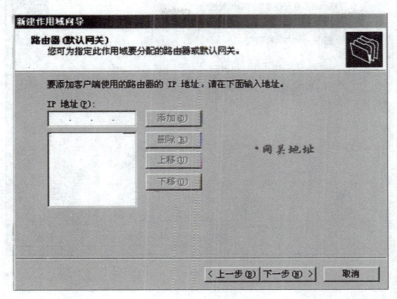

图 9.13　设置网关

（8）自动分配的 DNS 服务器地址，可以写多个，不过顺序不同，优先级别也不相同，参见图 9.14。

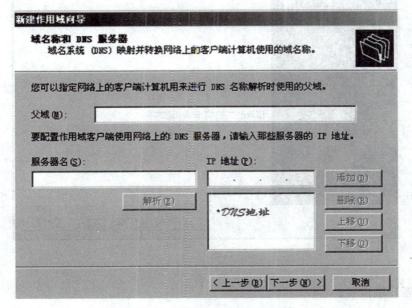

图 9.14　域名称和 DNS 服务器

（9）激活作用域，使配置生效，参见图 9.15。

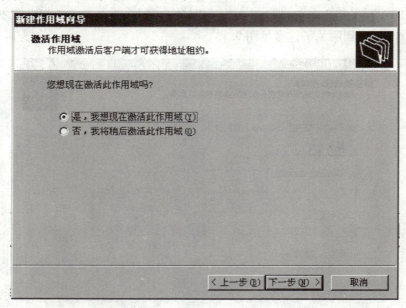

图 9.15　激活作用域

（10）完成向导，参见图 9.16。

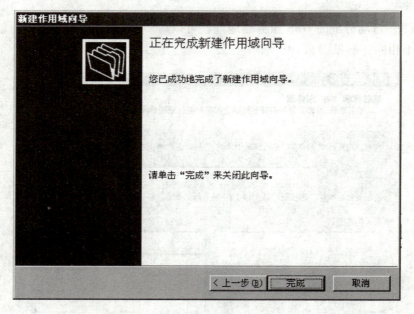

图 9.16　完成向导

客户端设置：

DHCP 客户端的设置非常简单，只需选择"＿＿＿＿＿"即可，如图

9.17 所示。

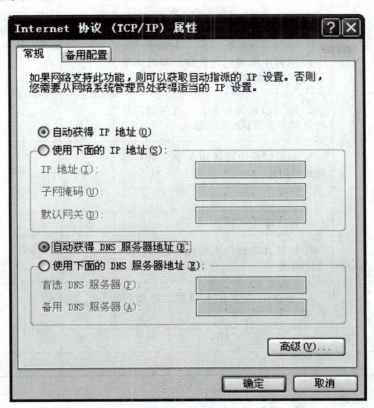

图 9.17　DHCP 客户端设置

评价与反馈

学习活动名称：_____

表 9.1　学习活动评价

评价项目	分值	评价内容及配分		自评	组评	教师评价
		评价内容	小项配分			
专业能力	50	1. 能够在 Windows Server 2003 环境下安装 DHCP 服务器	20			
		2. 能够熟练配置 DHCP 服务器	20			
		3. 能够正确配置 DHCP 客户端，并成功获取到 IP 地址	10			
		小计				

评价项目	分值	评价内容及配分		自评	组评	教师评价
		评价内容	小项配分			
方法能力	25	1. 能自主地通过对教材、网络的学习与信息的查询	15			
		2. 能通过查阅资料，发现问题，并在老师的指导下解决问题	5			
		3. 小组讨论中能运用专业术语与其他成员讨论	5			
		小计				
社会能力	25	1. 遵守课堂纪律	5			
		2. 能认真观察他人的操作过程，并与之沟通	10			
		3. 能虚心接受他人意见，并及时改正	10			
		小计				
		总分				

学习活动 10   Linux 系统安装与配置

学习目标

通过学习，你应能做到：

1. 使用 Fedora 系统镜像文件完成操作系统的安装；
2. 使用命令启动、重启、关闭 Linux 系统；
3. 创建及管理用户及用户组；
4. 使用命令查看并修改某个目录下的所有文件及文件属性。

建议学时

48 课时

学习准备

1. 一体化工作室、计算机、Fedora 系统镜像文件；
2. 参考书、视频光盘、互联网等相关学材；
3. 分成学习小组。

学习过程

 **引导问题**

> ### 庖丁解牛的故事
>
> 引用："今臣之刀十九年矣，所解数千牛矣，而刀刃若新发于硎。彼节者有间，而刀刃者无厚；以无厚入有间，恢恢乎其于游刃必有余地矣！"授之于渔。

一、系统安装

1. 你知道的 Linux 系统有哪些？

2. 本次任务中所给的系统安装包是什么系统？它和其他系统在功能及使用范围上有什么差别？

3. Linux 提供多种安装方式，包括以下几种，本次任务的安装方式属于哪一种？

□本地光盘安装　　　　　　　　□本地硬盘安装
□FTP 安装　　　　　　　　　　□HTTP 安装

计划与实施

1. 请小组从老师处拷贝 Fedora 系统镜像文件。
2. 在虚拟机中安装 Fedora 系统。
在虚拟机中安装 Fedora 10 的步骤：

（1）单击 new virtual 后会出现图 10.1 所示的界面，选择全定制安装。

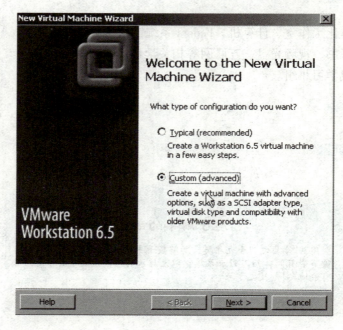

图 10.1

（2）在 install disk image file 栏找到下载的 Fedora 镜像文件，参见图 10.2。

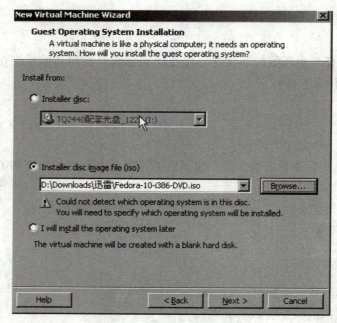

图 10.2

（3）如图 10.3 所示，guest operating system 选择_____，Version 选择 Other Linux 2.6x kernel，参见图 10.4。

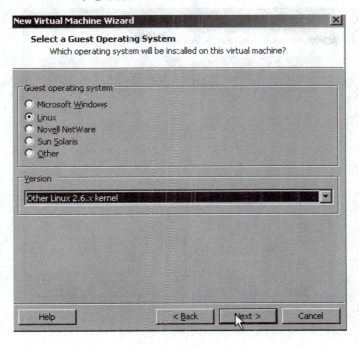

图 10.3

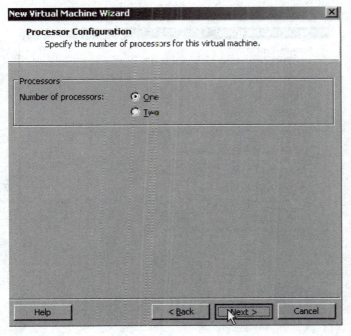

图 10.4

（4）虚拟内存的选定要根据 PC 的配置，一般选择_____，参见图 10.5。

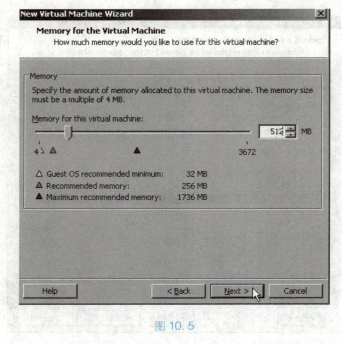

图 10.5

（5）上步完成后会出现如图 10.6～图 10.9 所示的界面，这里选择第一个。

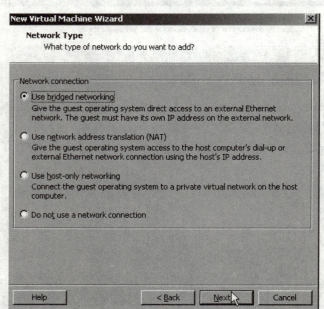

图 10.6

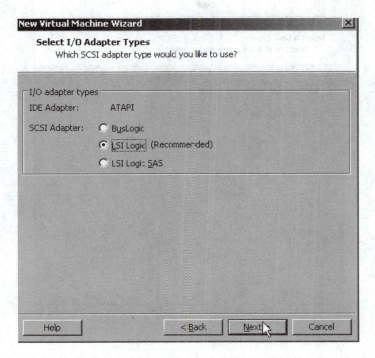

图 10. 7

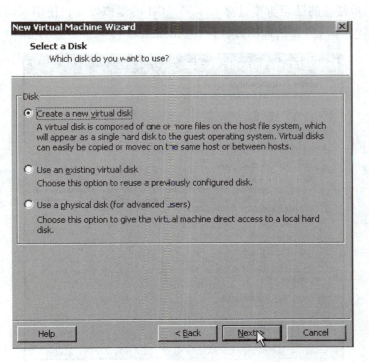

图 10. 8

学习任务 ❷ 企业网络建设与管理

图 10. 9

（6）图 10.10、图 10.11 所示的界面为选择虚拟硬盘的大小，这步很关键。使用单硬盘的话至少要选择_____GB 的虚拟硬盘；使用双硬盘最好设为_____GB（方便后面的分区操作）。这里选 13G。

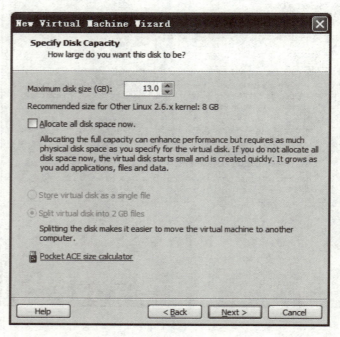

图 10. 10

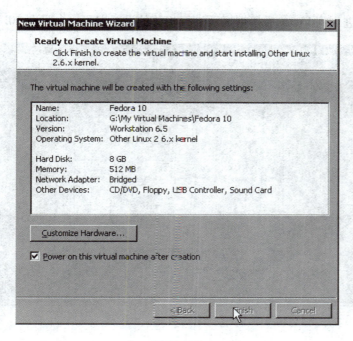

图 10.11

（7）图 10.12 为进入到 Linux 后的界面，直接选择第一个选项即可（这里需用键盘操作）。

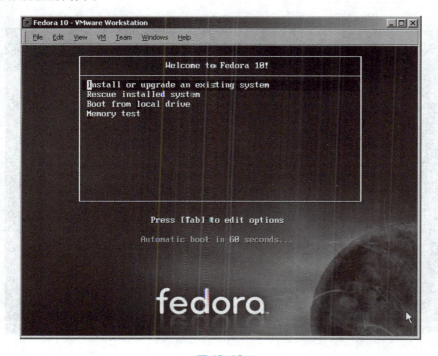

图 10.12

（8）进入到 Linux 后根据提示进行相关的设置即可，参见图 10.13。

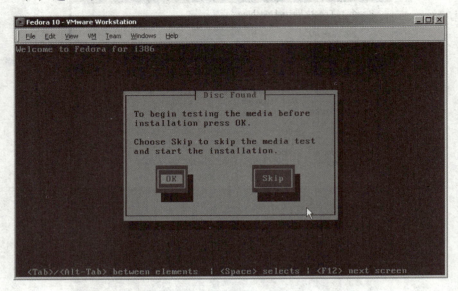

图 10.13

3. 设置 root 用户。

（1）打开终端，用"su"命令切换为 root 用户后，输入命令：＿＿＿＿＿＿＿

＿＿＿＿＿＿＿＿＿＿＿＿＿＿＿，参见图 10.14。

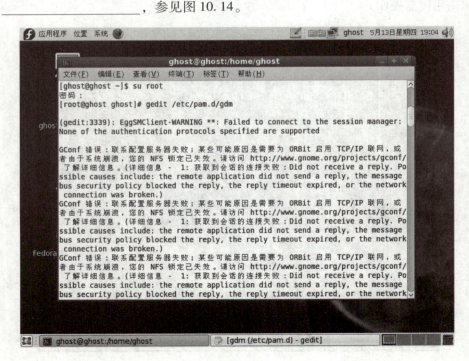

图 10.14

（2）出现如下窗口后，在第三行前面添加符号"____"，保存后关闭窗口参见图 10.15。

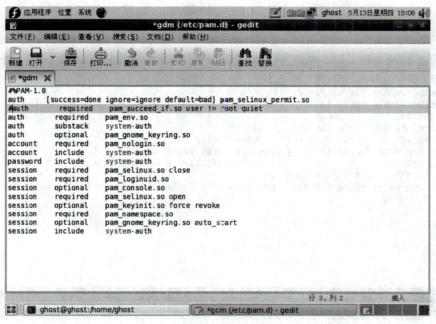

图 10.15

（3）输入 # gedit／etc／sysconfig／network － scripts／ifcfg － eth0，出现如图 10.16 所示的界面后将其中的选项"ONBOOT = ____"改为"____"，保存后关闭下图的窗口，然后重启。root 用户的设置就完成了。

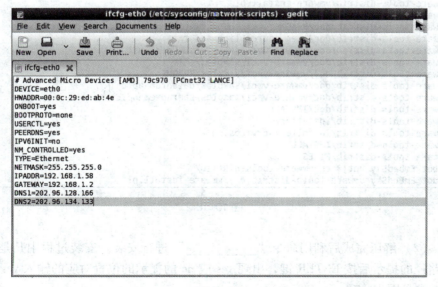

图 10.16

4. 安装虚拟工具包。

（1）利用命令"tar xvfj/media/Vmware ∖ Tools/VmwareTools – 7. 8. 4 – 12130. tar. gz – C/opt/"将安装压缩包解压至_____目录下，参见图 10. 17、图 10. 18。

```
root@EmbedSky:/opt
File  Edit  View  Terminal  Tabs  Help
[root@EmbedSky ~]# cd /opt/
[root@EmbedSky opt]# ls
lost+found
[root@EmbedSky opt]# tar xvfj /media/
.hal-mtab        .hal-mtab-lock  VMware Tools/
[root@EmbedSky opt]# tar xvfj /media/VMware\ Tools/
manifest.txt                   VMwareTools-7.8.4-126130.tar.gz
VMwareTools-7.8.4-126130.i386.rpm
[root@EmbedSky opt]# tar xvfj /media/VMware\ Tools/VMwareTools-7.8.4-126130.tar.
gz -C /opt/
```

图 10. 17

```
root@EmbedSky:/opt/vmware-tools-distrib
File  Edit  View  Terminal  Tabs  Help
vmware-tools-distrib/etc/vmware-user.Xresources
vmware-tools-distrib/etc/vmware-user.desktop
vmware-tools-distrib/etc/xsession-gdm.sh
vmware-tools-distrib/etc/poweron-vm-default
vmware-tools-distrib/etc/resume-vm-default
vmware-tools-distrib/etc/suspend-vm-default
vmware-tools-distrib/etc/poweroff-vm-default
vmware-tools-distrib/etc/manifest.txt.shipped
vmware-tools-distrib/vmware-install.pl
vmware-tools-distrib/doc/
vmware-tools-distrib/doc/README
vmware-tools-distrib/doc/open_source_licenses.txt
vmware-tools-distrib/doc/vmware-vmci/
vmware-tools-distrib/doc/vmware-vmci/samples/
vmware-tools-distrib/doc/vmware-vmci/samples/README
vmware-tools-distrib/doc/vmware-vmci/samples/datagramApp.c
vmware-tools-distrib/doc/vmware-vmci/samples/sharedMemApp.c
vmware-tools-distrib/doc/INSTALL
vmware-tools-distrib/installer/
vmware-tools-distrib/installer/services.sh
vmware-tools-distrib/INSTALL
vmware-tools-distrib/FILES
[root@EmbedSky opt]# cd vmware-tools-distrib/
[root@EmbedSky vmware-tools-distrib]# ./vmware-install.pl
```

图 10. 18

（2）解压完成后利用命令"_____"进行安装。安装过程中凡是出现路径的提示后按 ENTER 键，出现 yes 或 no 的提示的位置对应的输入 yes 或 no，参见图 10. 19。

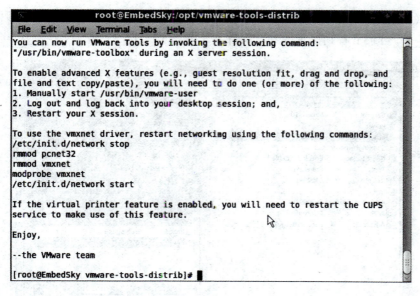

图 10.19

5. 工具包安装完成后设置共享文件夹

（1）选择 virtual Machine Settings——Shared Folders 后，选择＿＿＿＿＿＿，然后选择＿＿＿＿＿＿，参见图 10.20。

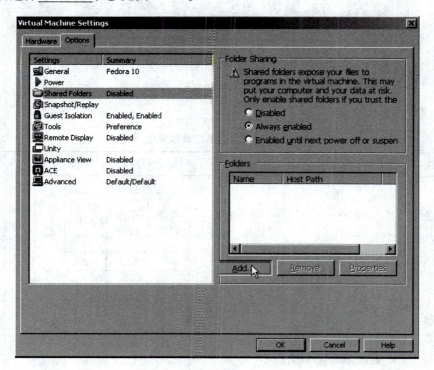

图 10.20

（2）选择要共享的文件夹后，选择 OK 就添加完成了。重启 Linux 即可在
_____目录下看到设置的共享文件夹，参图 10.21。

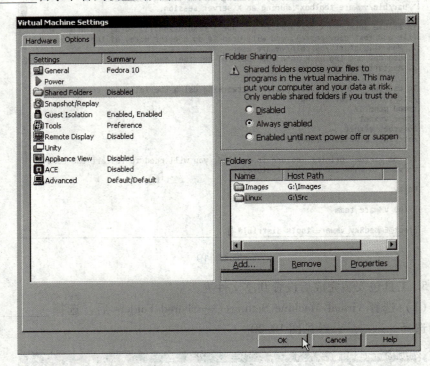

图 10.21

评价与反馈

学习活动名称：_____

表 10.1　学习活动考核评价

班级：	学号：	姓名：	指导教师：				
评价 项目	评价 标准	评价依据 （信息、佐证）	评价方式			权重	得分 小计	总分
			自我 评价	小组 评价	教师 （企业） 评价		
			10%	20%	70%		
关键 能力	1. 穿戴整齐； 2. 参与小组讨论； 3. 积极主动、勤学好问； 4. 表达清晰、准确	1. 课堂表现 2. 工作页填写				50%	

班级：		学号：		姓名：		指导教师：			
评价项目	评价标准	评价依据（信息、佐证）	评价方式			权重	得分小计	总分
			自我评价	小组评价	教师（企业）评价			
			10%	20%	70%			
专业能力	1. 能顺利完成 Linux 系统的安装； 2. 工作页的完成情况	1. 课堂表现； 2. 实操表现； 3. 工作页填写				50%		
指导教师综合评价								
	指导教师签名：					日期：		

二、系统开、关及重启

1. Linux 是一个多用户的网络操作系统，登录方式有多种，包括_____和_____等方式。Linux 启动到图形界面后（级别 3），系统提供了多个虚拟控制台，每个控制台相互独立，互不影响，在字符界面下，可以通过按快捷键_____进行多个虚拟控制台之间的切换，使用 startx 可以切换到图形界面；如果当前是图形界面，可以通过按快捷键_____切换到字符虚拟终端，按_____可以返回图形界面。

2. 以下的命令将在_____自动执行：23 5 01 ** root/etc/monthly 2 >&1|sendmail root

A. 每月第 23 天的 5：01 分

B. 每月第 1 天 23：05 分

学习任务 ❷ 企业网络建设与管理

C. 每月第 1 天 5：23 分

D. 其他时间

小贴士：Linux 开、关及重启系统重要命令

1. Linux 中关机的命令：init0　shutdown－h now　halt－p。

2. Linux 命令"shutdown－k now"表示：只是模拟一下关机，并不真正关机。

3. 直接关闭电源进行强制关机的命令：halt－pf。

4. Linux 中重启的命令：init6　reboot　shutdown－r now。

5. Power off 参数表示服务器断电后，再次加电，将不自动开机。

6. Power on 参数表示服务器断电后，再次加电，将自动开机。

7. Last State 参数表示服务器断电后，再次加电，会恢复到断电前的状态。

8. 时区为上海，如果让服务器每天上午九点开机，则 BIOS 定时开机的时间应该设置为 1：00：00

9. 延时关机命令：shutdown－h 5

由字符到图形#startx 或#init 5

由图形到字符#logout 或 init 3

计划与实施

每位同学使用命令启动、重启、关闭系统。

评价与反馈

学习活动名称：＿＿＿＿＿＿＿＿＿＿＿＿

表 10.2　学习活动考核评价

班级：	学号：	姓名：	指导教师：					
评价项目	评价标准	评价依据（信息、佐证）	评价方式			权重	得分小计	总分
			自我评价	小组评价	教师（企业）评价			
			10%	20%	70%			
关键能力	1. 穿戴整齐； 2. 参与小组讨论； 3. 积极主动、勤学好问； 4. 表达清晰、准确	1. 课堂表现； 2. 工作页填写				50%		

班级：　　　　学号：　　　　姓名：　　　　指导教师：

评价项目	评价标准	评价依据（信息、佐证）	评价方式			权重	得分小计	总分
			自我评价	小组评价	教师（企业）评价			
			10%	20%	70%			
专业能力	1. 熟练使用开/关重新启动 Linux 系统； 2. 工作页的完成情况	1. 课堂表现； 2. 实操表现； 3. 工作页填写				50%		
指导教师综合评价								

指导教师签名：　　　　　　　　　　　　　　　　　日期：

三、用户和组管理

1. 在 Linux 系统中，主要包括_____，_____和_____。

2. Linux 系统中的每一个用户账号都有一个数字形式的身份标识，称为_____与_____相类似，每一个组账号也有一个数字形式的身份标识，称为_____。

小贴士：

```
#useradd 用户名        //创建用户和组
#passwd 用户名         //设置用户密码
#groupadd 组名         //创建组
#usermod - d 路径  用户名   //修改用户宿主目录
#usermod - u uid 用户名     //修改用户的 UID
#usermod - G 组名  用户名 //将用户加入组，创建私有组
#usermod - g 组名  用户名   //用户加入组但不创建私有组
#gpasswd - d 用户名  组名   //将用户从组中删除
```

```
#usermod -l 新名   原名     //重命名用户
#groupmod -n 新名   原名   //重命名组
#userdel 用户名          //删除用户
#groupdel 组名           //删除组
#passwd -d 用户名        //删除用户密码
```

四、文件处理

1. 请同学通过查阅资料说说如图 10.22 所示的目录的关系及它们各自存放什么类型的文件（将你的答案写在横线上）。

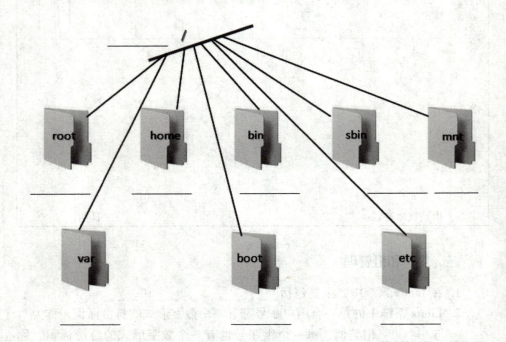

图 10.22　Linux 系统的几个重要目录

2. 如图 10.23 所示红色方框中的文件的用户账号是：_____，属于_____组，该文件的权限是_____，显示结果中的文件的颜色有红色和绿色，不同的颜色代表什么意思？

```
double-zh@main: /usr/sbin
文件(F)   编辑(E)   查看(V)   终端(T)   标签(B)   帮助(H)
-rwxr-xr-x 1 root root   2929 2008-08-06 remove-default-wordlist
-rwxr-xr-x 1 root root    749 2008-06-27 remove-shell
lrwxrwxrwx 1 root root      5 05-23 11:00 rmail -> exim4
lrwxrwxrwx 1 root root     21 05-23 09:35 rmt -> /etc/alternatives/rmt
-rwxr-xr-x 1 root root  24344 2008-04-17 rmt-tar
lrwxrwxrwx 1 root root      4 05-23 09:35 rootflags -> rdev
-rwxr-xr-x 1 root root   8416 2008-10-21 rpcdebug
-rwxr-xr-x 1 root root  51304 2008-10-21 rpc.gssd
-rwxr-xr-x 1 root root  34984 2008-10-21 rpc.idmapd
lrwxrwxrwx 1 root root      5 05-23 11:00 rsmtp -> exim4
-rwxr-xr-x 1 root root 222408 02-08 08:19 rsyslogd
-rwxr-xr-x 1 root root  10276 2008-04-29 rtcwake
lrwxrwxrwx 1 root root      5 05-23 11:00 runq -> exim4
-rwxr-xr-x 1 root root   5792 2008-07-26 safe_finger
-rwxr-xr-x 1 root root   2081 2008-08-06 select-default-ispell
-rwxr-xr-x 1 root root   2071 2008-08-06 select-default-wordlist
lrwxrwxrwx 1 root root      5 05-23 11:00 sendmail -> exim4
-rwxr-xr-x 1 root root   5660 2008-04-16 setvesablank
lrwxrwxrwx 1 root root     17 05-23 11:00 su-to-root -> ../bin/su-to-root
-rwxr-xr-x 1 root root 685060 02-01 22:39 synaptic
-rwxr-xr-x 1 root root   1445 2008-10-01 syslog2eximlog
-rwxr-xr-x 1 root root   4368 2008-07-26 tcpd
-rwxr-xr-x 1 root root  16624 2008-07-26 tcpdchk
-rwxr-xr-x 1 root root  13020 2008-07-26 tcpdmatch
```

图 10.23

小贴士：

文件的属性，一共有 10 个属性，具体含义参见图 10.24。

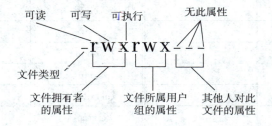

图 10.24   文件属性

文件颜色代表意义：

－5－蓝色：目录

－6－绿色：可执行文件

－7－天蓝色：符号文件

－8－白色：普通文件

－9－黄色：设备文件

－10－红色：失效文件的链接

－11－浅红：压缩文件或 tarball 文件

－12－粉色：图片文件

3. 查看/home/目录下的所有文件，使用的命令有哪些？

学习任务 ❷ 企业网络建设与管理

小贴士：

ls

　　最常用的参数有三个：－a－l－F。

ls：不显示隐藏文件

ls－a：显示所有文件

ls－l（字母 L 的小写）

　　使用长格式显示文件内容，例如：

```
   1      2       3      4        5          6          7
属性   文件数  拥有者  所属组    大小        日期       文件名
drwx -----2  Guest users 1024  Nov 21 21：05  Mail
-rwx -x-x 1  root  root   89080     Nov 7  22：41
```

ls-F：表示在文件的后面多添加表示文件类型的符号，例如 ＊ 表示可执行，/表示目录，@ 表示链接文件。

　　4. 还有一些命令是我们日常工作中维护及管理 **Linux** 经常使用到的命令，请同学查阅资料，说说表 10.3 所示的命令有什么功能。

表 10.3　Linux 命令

命令	功能	命令	功能
cd		clear	
pwd		su	
mkdir		rmdir	
cat		cp	
rm		lmore，less	
mv		grep	
find		rpm	
Mount/umount		ps	

计划与实施：

　　1. 创建一个名为"superuser"的账号，归属于"root"组；创建一个名为"normaluser"的账号，归属于"user"组；

　　2. 使用"superuser"在/USR 下创建一个名为"LINUX"的文件夹，文件夹中创建一个名为"data. txt"文件，该文件设置的权限："superuser"为"可读可写可执行"，其他账号为只"可读"；

　　3. 查看"data. txt"所在目录的所有文件。

评价与反馈

学习活动名称：_____

表10.4　学习活动考核评价表

班级：　　　　　学号：　　　　　姓名：　　　　　指导教师：

评价项目	评价标准	评价依据（信息、佐证）	评价方式			权重	得分小计	总分
			自我评价	小组评价	教师（企业）评价			
			10%	20%	70%			
关键能力	1. 穿戴整齐； 2. 参与小组讨论； 3. 积极主动、勤学好问； 4. 表达清晰、准确	1. 课堂表现； 2. 工作页填写				50%		
专业能力	1. 熟悉 linux 系统的常用命令； 2. 工作页的完成情况	1. 课堂表现； 2. 实操表现； 3. 工作页填写				50%		
指导教师综合评价								
指导教师签名：							日期：	

学习活动 11　Linux 环境架设 Web 服务器

学习目标

通过学习，你应能做到：

1. 了解 Web 服务基本概念；

2. 了解什么是 Apache 服务器；

3. 能熟练使用 Apache 图形配置工具；

4. 能查看修改 Apache 的配置文件；

5. 能搭建域名为 www. gxztjy. com 的网站。

建议学时

16 课时

学习准备

1. 一体化工作室、安装 Fedora 系统的计算机；

2. 参考书、视频光盘、互联网等相关学材；

3. 分成学习小组。

学习过程

 引导问题

1. 我们最常讲的"架站"其实就是架设一个 Web 网站，那什么是 Web 呢？它的全称是：_____。

2. B/S 结构（Browser/Server，浏览器/服务器模式），是 Web 兴起后的一种网络结构模式，Web 浏览器是客户端最主要的应用软件。这种模式统一了客户端，将系统功能实现的核心部分集中到服务器上，简化了系统的开发、维护和使用。客户机上只要安装一个浏览器（Browser），如 Netscape Navigator 或 Internet Explorer，服务器安装 Oracle、Sybase、Informix 或 SQL Server 等数据库。浏览器通过 Web Server 同数据库进行数据交互。图 11.1 和图 11.2 中哪个是 B/S 结构？

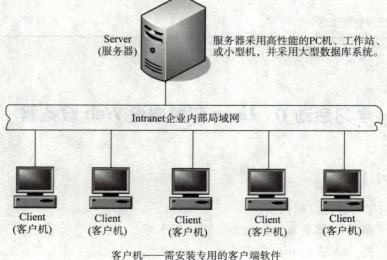

Server
(服务器)

服务器采用高性能的PC机、工作站、或小型机，并采用大型数据库系统。

Intranet企业内部局域网

Client (客户机)　　Client (客户机)　　Client (客户机)　　Client (客户机)　　Client (客户机)

客户机——需安装专用的客户端软件

图 11. 1

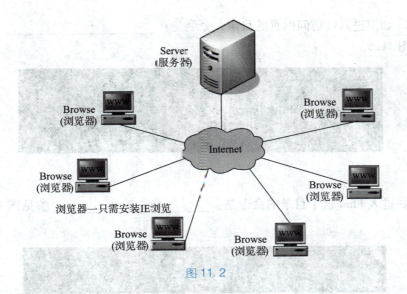

图 11.2

3. 日常生活中我们访问网站使用的是 B/S 架构，所以在我们的电脑上必须安装有浏览器，通过 URL 的方式访问目标网站，URL 的一般格式如图 11.3 所示。

<协议>://<主机>:<端口>/<路径>

ftp——文件传送协议FTP
http——超文本传送协议HTTP
News——USENET新闻

图 11.3

请说说 http://www.gongsi.com:8080 每个字段代表什么意思。

4. Linux 系统中的 web 服务器，进入配置文件的路径的命令是：_____
_____，参见图 11.4。

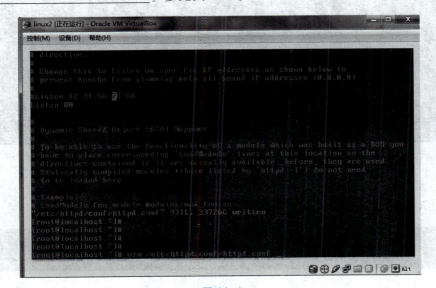

图 11.4

5. 如何进入被访问网页的目录，命令是：____________________，参见图 11.5。

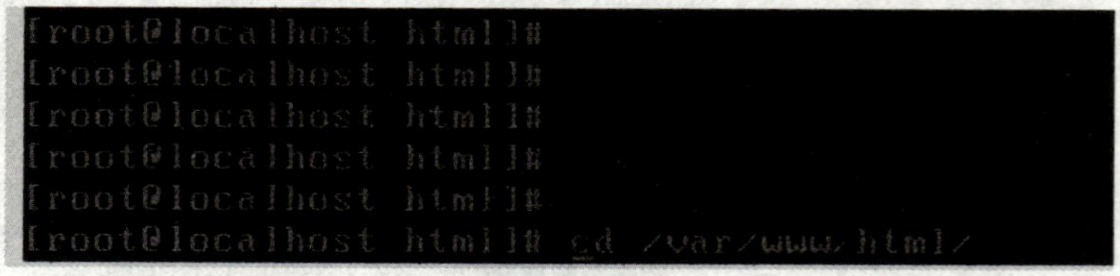
[root@localhost html]#
[root@localhost html]#
[root@localhost html]#
[root@localhost html]#
[root@localhost html]#
[root@localhost html]# cd /var/www/html/

图 11.5

6. 进入 html 这个目录的命令是：____________________，参见图 11.6、图 11.7。

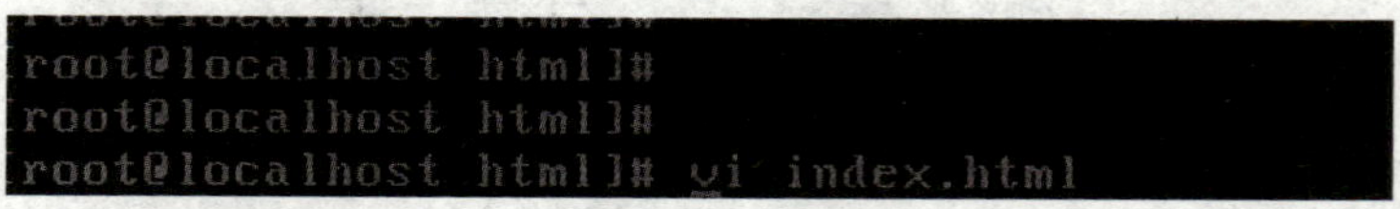
root@localhost html]#
root@localhost html]#
root@localhost html]# vi index.html

图 11.6

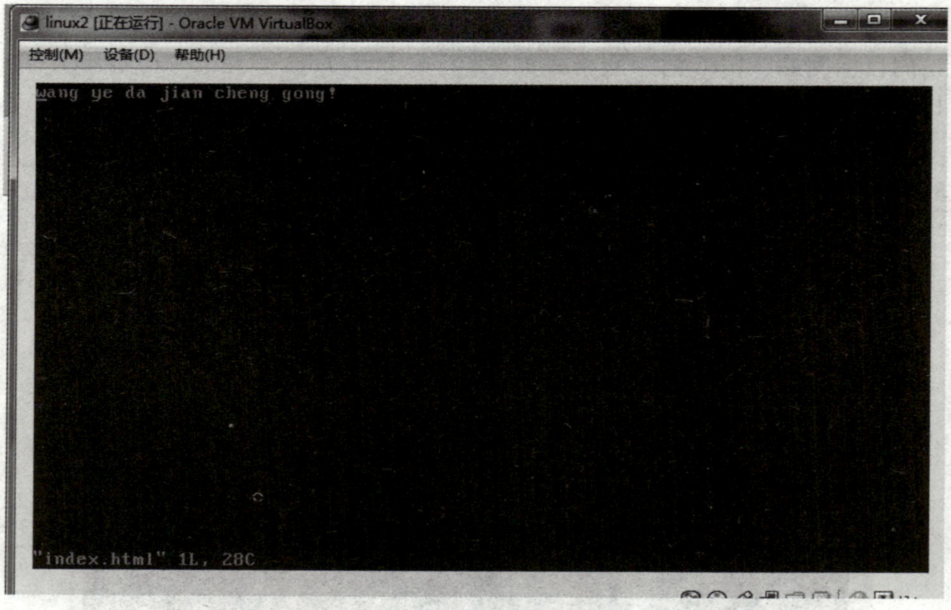
linux2 [正在运行] - Oracle VM VirtualBox
控制(M) 设备(D) 帮助(H)
wang ye da jian cheng gong!
"index.html" 1L, 28C

图 11.7

7. 显示 httpd 服务启动成功的命令是：__________，参见图 11.8。

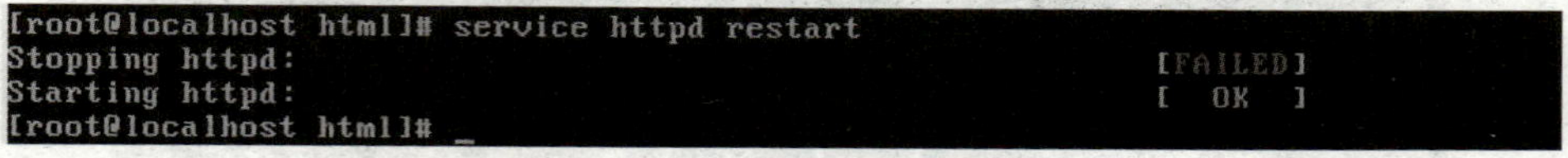
[root@localhost html]# service httpd restart
Stopping httpd: [FAILED]
Starting httpd: [OK]
[root@localhost html]# _

图 11.8

8. 如果要在 IP 地址为 192.168.203.132 的主机上设置两个虚拟主机，分别使用 8000 和 8080 端口，应该如何设置？

小贴士：

虚拟主机支持一个服务器设置多个站点，用户感觉访问了多个独立服务器。Apache 支持基于 IP 地址的虚拟主机：各虚拟主机使用同一 IP 地址的不同端口，或使用不同的 IP 地址。用户可使用 IP 地址来访问此类虚拟主机。基于名称的虚拟主机：各虚拟主机使用同一 IP 地址但是域名各不相同。使用基于名称的虚拟主机较为常见，SSL 服务器需要 IP 虚拟主机。

无论是配置基于 IP 地址的虚拟主机还是配置基于名字的虚拟主机都必须在 httpd.conf 文件中设置 VirtualHost 语句块。VirtualHost 语句块中可以设置的参数如下所示，其中 DocumentRoot 参数必不可少。

✓ ServerAdmin：指定虚拟主机管理员的 Email 地址。

✓ DocumentRoot：指定虚拟主机的根目录。

✓ ServerName：指定虚拟主机的名称和端口。

✓ ErrorLog：指定虚拟主机的错误日志文件的保存路径。

✓ CustomLog：指定虚拟主机的访问日志文件的保存路径。

计划与实施

请同学们搭建域名 www.gxztjy.com 的网站，IP 地址为《网络规划方案》中网站分配的 IP 地址。

1. 搭建 Web 服务器，IP 地址为《网络规划方案》中网站分配的 IP 地址。

（1）进入访问网页的目录的命令是：＿＿＿＿＿＿＿＿＿＿＿＿＿＿，参见图 11.9。

图 11.9

（2）用 vi 编辑器编辑网页文件的命令是＿＿＿＿＿＿＿＿，参见图 11.10。

```
[root@localhost html]#
[root@localhost html]#
[root@localhost html]# vi index.html
```

图 11.10

（3）使用 vi 编辑器修改配置文件的命令是：＿＿＿＿＿＿＿＿＿＿＿＿＿＿，
参见图 11.11。

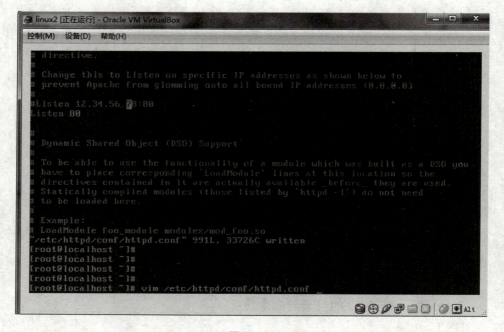

图 11.11

（4）启动 web 服务器命令：＿＿＿＿＿＿＿＿，参见图 11.12。

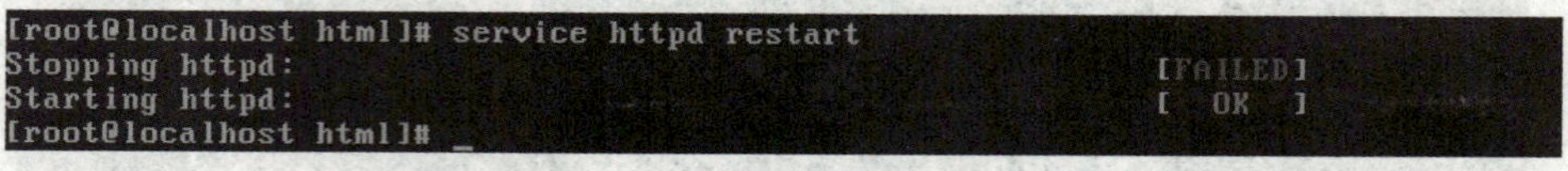

```
[root@localhost html]# service httpd restart
Stopping httpd:                                    [FAILED]
Starting httpd:                                    [  OK  ]
[root@localhost html]# _
```

图 11.12

2. 搭建 DNS 服务器，将 Web 服务器的域名用 DNS 解析。

（1）搭建 DNS 服务器首先要安装，安装的命令是：＿＿＿＿＿＿＿＿＿＿＿
一共有四个安装包。

（2）进入＿＿＿＿＿＿＿＿＿＿＿＿＿＿文件去修改配置文件，如图 11.13
所示。

图 11.13

（3）如图 11.14 所示一样都改为：any 保存退出。

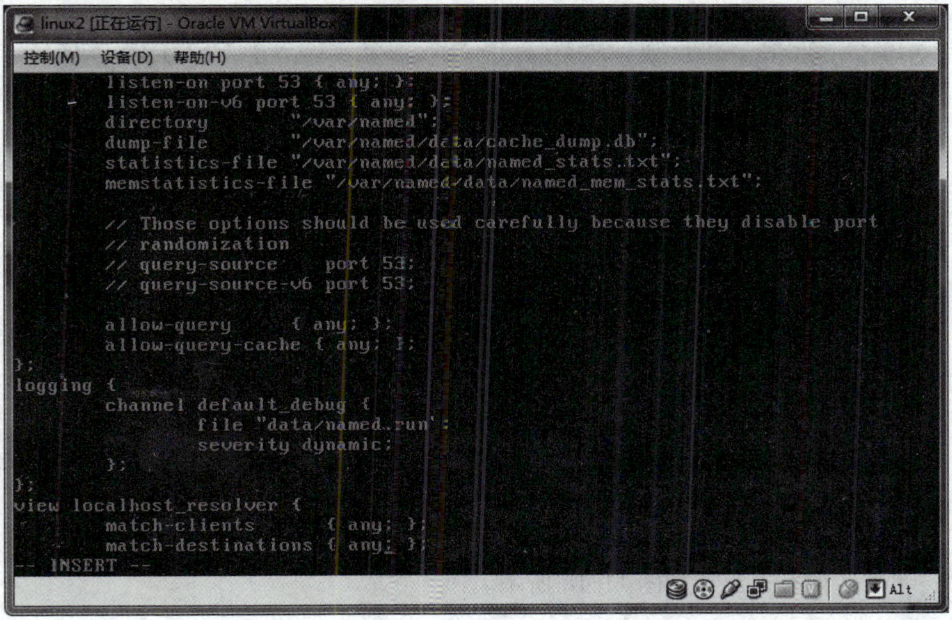

图 11.14

（4）进入_____，文件夹进行修改配置，如图 11.15 所示。

图 11. 15

（5）修改内容，如图 11.16 所示。

图 11. 16

（6）修改格式，如图 11.17 所示。

图 11. 17

（7）保存退出，如图 11.18 所示。

图 11. 18

（8）进入_____文件夹，参见图11.9。

```
[root@localhost named]#cp localhost.zone gxztjy.com.zone
```

图 11.19

（9）复制 localhost. zone 文件夹到 gxztjy. com. zone 里面。

注意：复制文件名必须要和 named. rfc1912. zones 这个文件夹里面所配置的那个地方一样。

（10）进入 gxztjy. com. zone 配置文件进入里面配置，配置方式如图 11.20 所示。

图 11.20

（11）使用_____命令，将修改为 gxztjy. com. zone，参见图 11.21。

```
[root@localhost named]# chgrp named  gxztjy.com.zone
```

图 11.21

（12）然后启动 DNS 服务器，如图 11.22 显示的是搭建成功。

```
[root@localhost ~]# service named restart
Stopping named:                                          [  OK  ]
Starting named:                                          [  OK  ]
```

图 11.22

评价与反馈

1. 请各组同学分别展示本小组搭建好的 Web 网站，其他小组的同学分别通过 IP 和域名的方式访问该 Web 网站。

2. 请说说你们小组在服务器搭建过程中遇到了哪些技术难题，你们是如何解决该困难的。

学习活动名称：_____

表 11.1　学习活动考核评价表

班级：	学号：		姓名：		指导教师：				
评价项目	评价标准	评价依据（信息、佐证）	评价方式			权重	得分小计	总分	
			自我评价	小组评价	教师（企业）评价				
			10%	20%	70%				
关键能力	1. 穿戴整齐； 2. 参与小组讨论； 3. 积极主动、勤学好问； 4. 表达清晰、准确	1. 课堂表现； 2. 工作页填写				50%			
专业能力	1. 在 linux 系统搭建 WEB 服务器； 2. 工作页的完成情况	1. 课堂表现； 2. 实操表现； 3. 工作页填写				50%			
指导教师综合评价									
	指导教师签名：						日期：		

学习活动 12　Linux 环境架设 MySQL 数据库

学习目标

通过学习，你应能做到：

1. 理解 MySQL 数据库的工作原理；

2. 在 Linux 系统中安装与配置 MySQL 数据库；

3. 使用命令读取 MySQL 数据库中存放的信息．

建议学时

16 课时

学习准备

1. 一体化工作室、计算机、安装 Fedora 的计算机；

2. 参考书、视频光盘、互联网等相关学材；

3. 分成学习小组。

学习过程

 引导问题

1. 现在主流的数据库有很多种，你知道的数据库有哪些？它们分别适用于什么规模的网络？

2. MySQL 是最著名的开源数据库．容易上手且功能强大，Yahoo!、BBC News 等著名站点都使用了 MySQL 数据库进行数据存储。在 Linux 中可以通过_____文件对 MySQL 服务器进行配置（在 Windows 中是一个叫 my.ini 的文件），有接近 300 个配置参数可以用来在启动 MySQL 服务器时控制其行为（包括：内存、日志、错误报告等）。

3. 在 Linux 中可以通过_____命令来启动 MySQL 服务，通过_____来停止 MySQL 服务（在 Windows 中可以通过 net start mysql 来启动，通过 net stop mysql 来停止，也可以通过控制面板中的性能和维护中的管理工具中的服务来启动和停止 MySQL 服务）。

4. 在服务器启动后，可以通过输入_____命令来查看配置参数，可以通过在 MySQL 客户端中输入命令_____来查看。

5. 安装好 MySQL 数据库后，需要对数据库创建实例，即存放信息，这样别人才能访问到数据库的内容。创建实例的过程也是数据库创建库的过程，请同学们思考以下几个问题，这些问题都是创建过程中需要考虑的问题：

（1）MySQL 数据库建库包含哪些步骤？

（2）建库的命令是什么？

（3）要怎么样才能建表？

（4）建表的命令是什么？

（5）查看创建的表是否成功的命令是什么？

（6）如何查看建立表的结构？

（7）如何查看显示表中的记录？

（8）如何删除库和表？

（9）如何创建用户设置密码？

（10）如何设置用户的权限？

计划与实施

1. 首先请同学们从老师处拷贝 MySQL 的安装文件。

MySQL – server – 4. 0. 16 – 0. i386. rpm

MySQL – clint – 4. 0. 16 – 0. i386. rpm

2. 请各组同学按照以下安装步骤学习 MySQL 数据库的安装。

（1）查看 MySQL 是否已启动，安装成功，命令是：＿＿＿＿＿＿＿＿＿＿。

（2）安装客户端，运行命令是：＿＿＿＿＿＿＿＿＿＿＿＿＿＿＿。

（3）安装开启 MySQL 功能：

1）首先启动 MySQL 命令是：＿＿＿＿＿＿＿＿＿＿＿＿＿，如图 12. 1 所示。

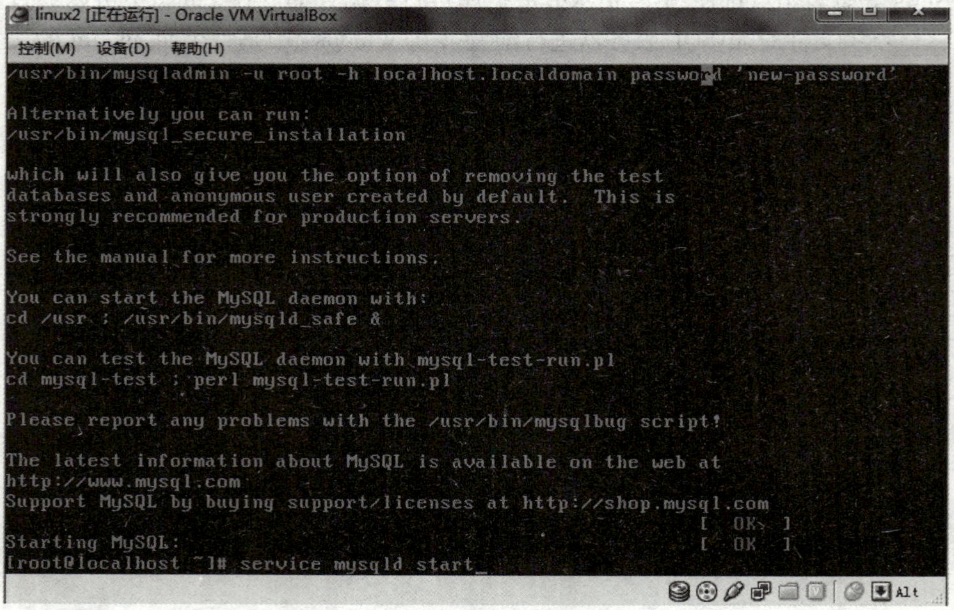

图 12. 1

2）进入 MySQL，直接输入：＿＿＿＿＿，参见图 12. 2。

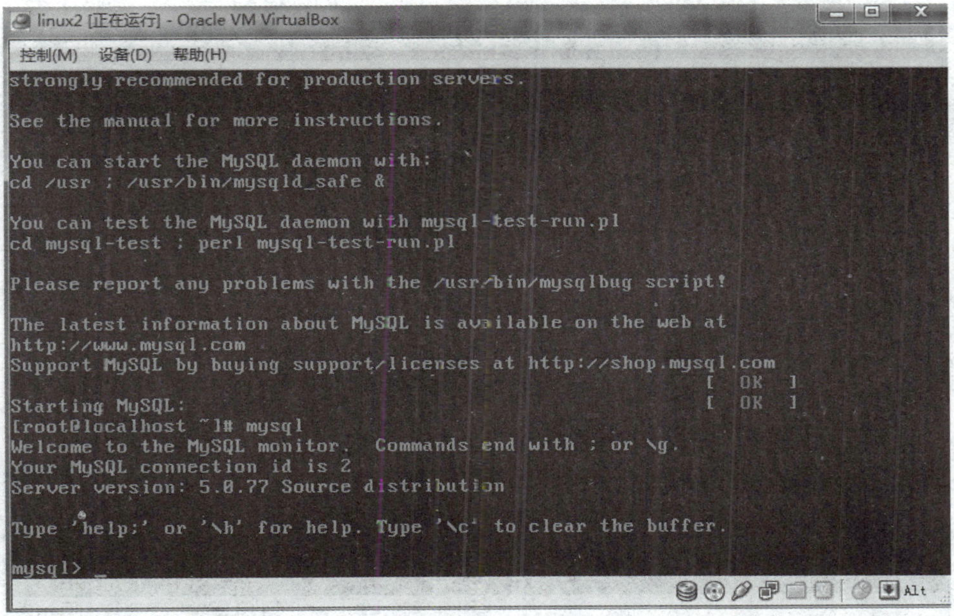

图 12.2

3）先建库命令是：__________，参见图 12.3、图 12.4。（命令库名）

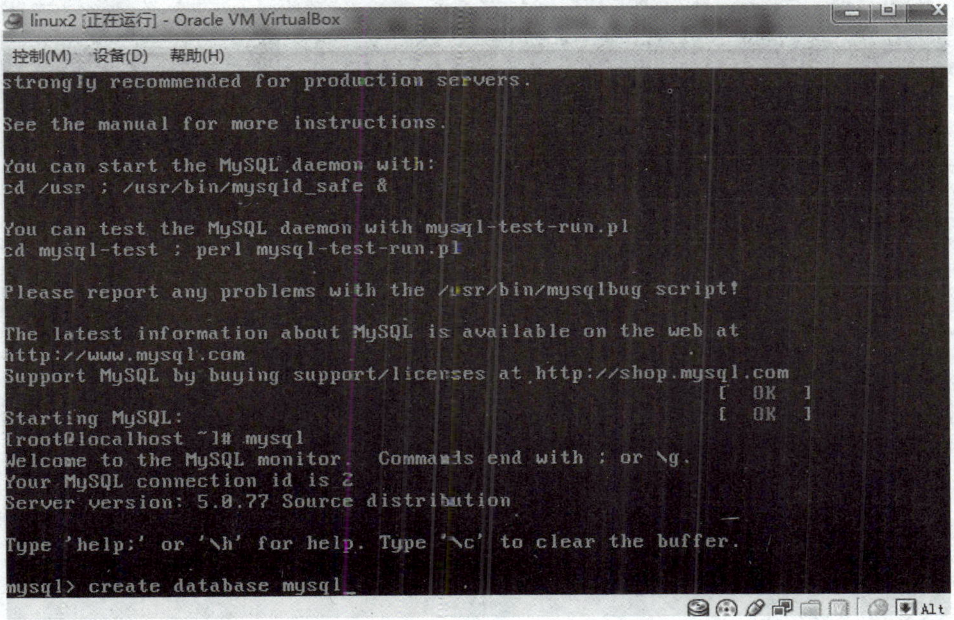

图 12.3

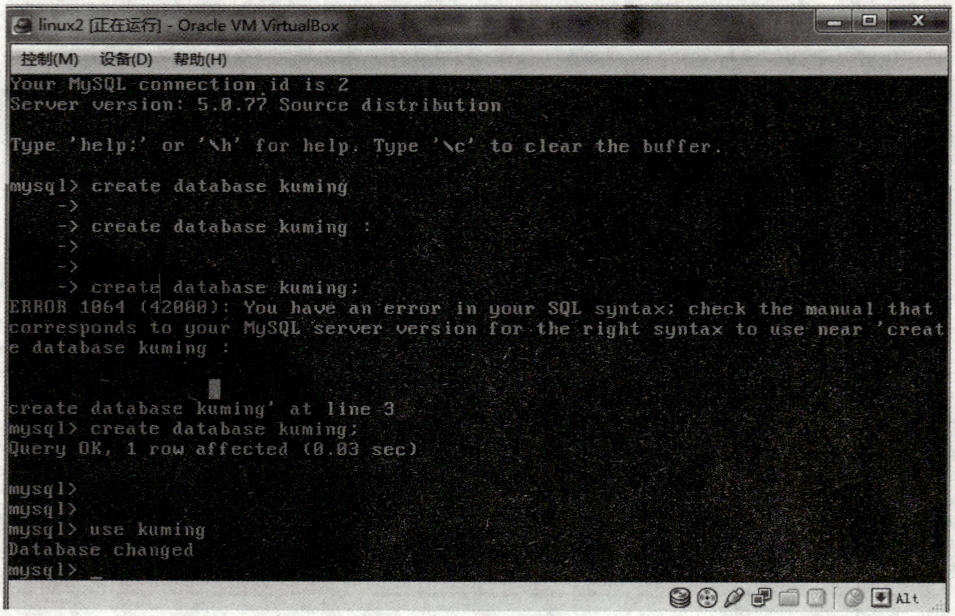

图 12.4

4）进入库命令是________，参见图 12.5。

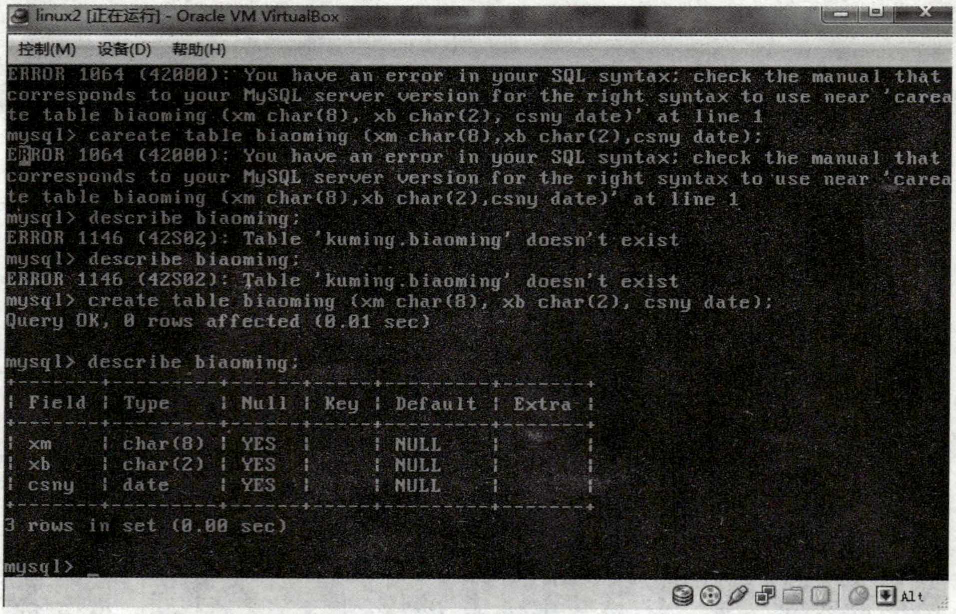

图 12.5

5）创建表字段，查看表的结构。

a）创建表的命令：_____，参见图 12.6。

mysql> create table biaoming (xm char(8), xb char(2), csny date);

图 12.6

b）查看表的结构命令：_____，参见图 12.7。

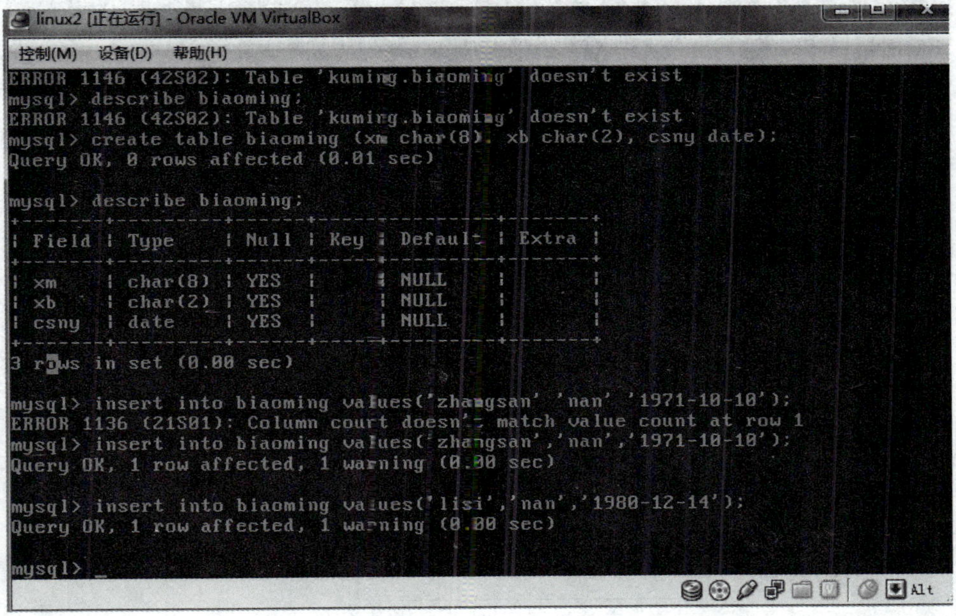

```
linux2 [正在运行] - Oracle VM VirtualBox
控制(M)  设备(D)  帮助(H)
ERROR 1146 (42S02): Table 'kuming.biaoming' doesn't exist
mysql> describe biaoming;
ERROR 1146 (42S02): Table 'kuming.biaoming' doesn't exist
mysql> create table biaoming (xm char(8), xb char(2), csny date);
Query OK, 0 rows affected (0.01 sec)

mysql> describe biaoming;
+-------+---------+------+-----+---------+-------+
| Field | Type    | Null | Key | Default | Extra |
+-------+---------+------+-----+---------+-------+
| xm    | char(8) | YES  |     | NULL    |       |
| xb    | char(2) | YES  |     | NULL    |       |
| csny  | date    | YES  |     | NULL    |       |
+-------+---------+------+-----+---------+-------+
3 rows in set (0.00 sec)

mysql> insert into biaoming values('zhangsan' 'nan' '1971-10-10');
ERROR 1136 (21S01): Column count doesn't match value count at row 1
mysql> insert into biaoming values('zhangsan','nan','1971-10-10');
Query OK, 1 row affected, 1 warning (0.00 sec)

mysql> insert into biaoming values('lisi','nan','1980-12-14');
Query OK, 1 row affected, 1 warning (0.00 sec)

mysql> _
```

图 12.7

6）加入相关的记录，使用命令：_____，参见图 12.8。

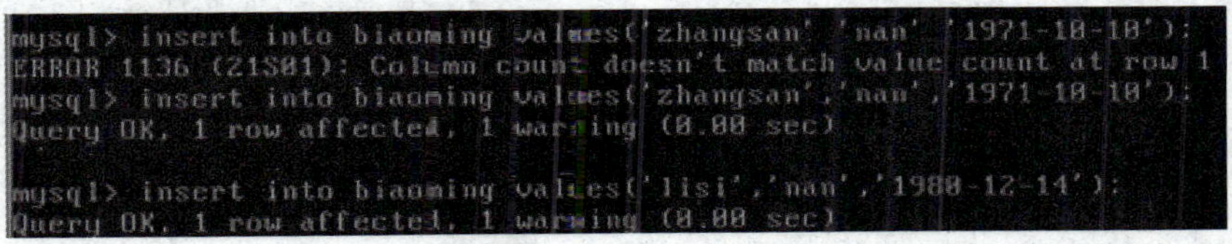

mysql> insert into biaoming values('zhangsan' 'nan' '1971-10-10');
ERROR 1136 (21S01): Column count doesn't match value count at row 1
mysql> insert into biaoming values('zhangsan','nan','1971-10-10');
Query OK, 1 row affected, 1 warning (0.00 sec)

mysql> insert into biaoming values('lisi','nan','1980-12-14');
Query OK, 1 row affected, 1 warning (0.00 sec)

图 12.8

7）显示表中的记录，便用命令：_____，参见图 12.9。

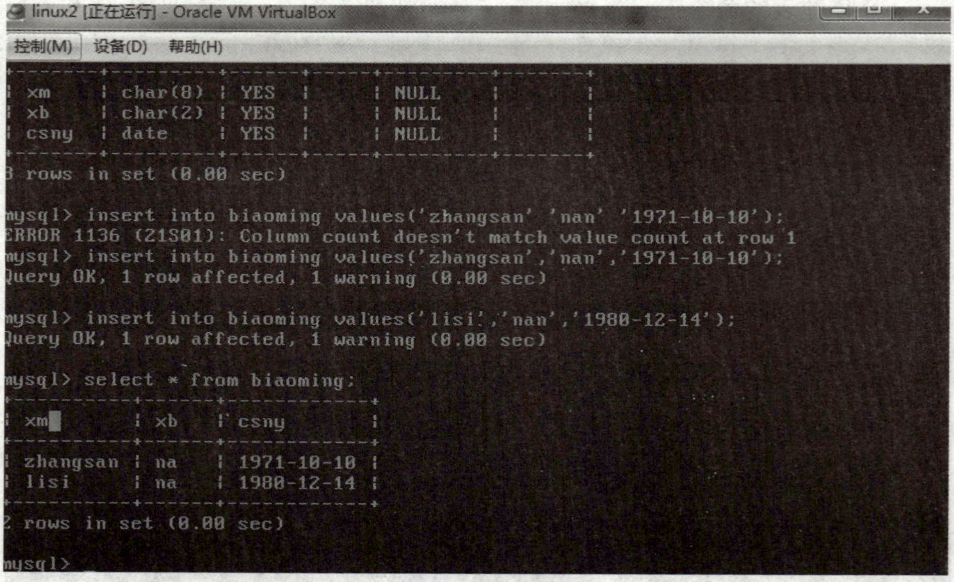

图 12.9

注意事项：每条命令的背后一定要加个（；），注意所需要的符号！

评价与反馈

请各小组展示本组搭建好的 MySQL 数据库，并描述你们小组在安装数据库过程中遇到的问题及你们是如何解决的。

学习活动名称：_____

表 12.1　学习活动考核评价表

班级：	学号：	姓名：	指导教师：					
评价项目	评价标准	评价依据（信息、佐证）	评价方式			权重	得分小计	总分
			自我评价	小组评价	教师（企业）评价			
			10%	20%	70%			
关键能力	1. 穿戴整齐； 2. 参与小组讨论； 3. 积极主动、勤学好问； 4. 表达清晰、准确	1. 课堂表现； 2. 工作页填写				50%		

班级：	学号：	姓名：	指导教师：						
评价项目	评价标准	评价依据（信息、佐证）	评价方式			权重	得分小计	总分	
			自我评价	小组评价	教师（企业）评价				
			10%	20%	70%				
专业能力	1. 能开启 MySQL 数据库； 2. 工作页的完成情况	1. 课堂表现； 2. 实操表现； 3. 工作页填写				50%			
指导教师综合评价									
指导教师签名：				日期：					

185

学习活动 13 总结、展示与评价

学习目标

通过学习，你应能做到：

1. 通过对整个工作过程的叙述，培养良好的表达沟通能力；
2. 通过成果展示，关注学生专业能力、社会能力的全面评价；
3. 使学生反思工作过程中存在的不足，为今后工作积累经验。

建议学时

8 课时

学习准备

1. 一体化工作站、PC 机；
2. 教材、互联网等相关学栏；

3. 分成学习小组（能力准备）。

学习过程

1. 小组对安装好的整个网络（包括客户端对内 FTP 服务器、DHCP 服务器、WEB 服务器的访问和 MySQL 数据库）进行展示。

2. 小组可以自主学习概括网络设备及四个应用服务器的应用特点和安装过程中的技术特点。

3. 你通过这次学习，学到了什么新知识？你觉得困难的地方是哪里？请写出小结。

4. 师生展开讨论，共同进行评价，对存在的问题进行整改和优化，填写表 13.1～表 13.3。

表 13.1　学生自评表

学生姓名		班级		评价总分	
学号		所在小组			
内容名称	考核标准			分值	实际得分
路由器、交换机等网络设备的配置					
架设 Windows FTP 服务器					
架设 Windows DHCP 服务器					
架设 Linux Web 服务器					
架设 LinuxMySQL 数据库					
团队协作能力					
自我综合评价与展望					

表 13.2　小组互评表

学生姓名		班级		评价总分	
内容名称	考核标准			分值	实际得分
总结报告	能否对小组成员所有资料进行整理归档，最后形成总结报告				
小组团队合作	能否统一目标，达成共识，形成统一方案				
小组与教师沟通	能否在教师的指导下，独立完成任务				
小组自我综合评价与展望					

表 13.3　教师评价表

组名		组员姓名			评价总分	
考核内容	分值	考核标准				得分
上课纪律	18	迟到、溜号、早退、旷课等，违规一次扣 1 分。				
专业技能	24	1. 能正确安装四个应用服务器； 2. 学会修改并配置应用服务器； 3. 会利用命令日常管理服务器				
规范操作	40	1. 资料收集、整理、保管是否有序； 2. 工具物品按 6S 标准摆放； 3. 工具的选择和使用是否熟练、规范				
团队协作	18	1. 积极参与小组讨论及项目实施； 2. 能够在讨论中发表自己的见解； 3. 在小组工作中态度友好，善于交流，富有建设性				

187